多主枝丛状形（李）

二层开心形（李）

纺锤形（李）

风味玫瑰李

黑琥珀李

红美丽李

密集李园

生草李园

玉皇李

自然开心形（李）

大棚杏

大树改接新品种（杏）

纺锤形1（杏）

纺锤形2（杏）

金太阳结果状

金太阳杏园

鲁杏1号结果状

鲁杏2号结果树

鲁杏3号结果状

鲁杏4号结果状

鲁杏6号结果状

园头形（杏）

小冠疏层形（杏）

果树新品种及配套技术丛书

LI XING XINPINZHONG
JI PEITAO JISHU

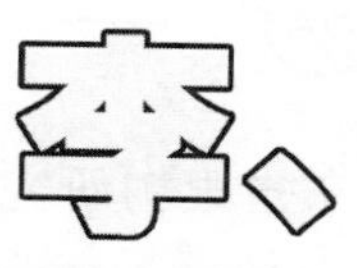

新品种及配套技术

王少敏　牛庆霖　主编

中国农业出版社
北　京

内容提要

本书由山东省果树研究所等单位的果树专家编著。内容包括：李、杏优新品种介绍、生物学特性、果园规划与建园、苗木繁育技术、整形修剪技术、花果管理技术、土肥水管理技术、主要病虫害防治技术等，简要阐述技术原理、作用与注意事项，重点说明技术方法，内容丰富，技术先进，通俗易懂，便于操作。本书可供果树栽培者生产参考。

编写人员名单

主　　编　王少敏　牛庆霖

副 主 编　王小阳　翟　浩　刘宪华　李朝阳

编写人员　（按姓氏笔画排序）

王小阳　王少敏　王宏伟　牛庆霖

付　莹　刘宪华　李朝阳　翟　浩

目　录
CONTENTS

一、李

（一）优新品种

1. 优良品种

（1）帅李　又名串子，分布于山东省的沂源、沂水两县。

果实卵圆形，顶部圆；果实大，平均单果重 70 g 左右，最大可达 100 g；梗洼近圆形，中深、中广；果实底色绿黄，阳面具紫红色晕，果粉中厚，皮厚、韧；果肉淡黄色，肉质细密，软，纤维少，汁液中多，味甜，可溶性固形物含量 15%～17%，总糖含量 11.2%，可滴定酸含量 1.6%，每 100 g 果实含维生素 C 4.5 mg，香气浓。粘核，核较大，可食率 97.1%。在原产地 3 月底至 4 月初开花，7 月中旬果实成熟，品质优良，为鲜食、加工兼用品种。

树势强健，树姿开张，树冠呈圆头形。萌芽力强，成枝力中等，枝条分布均匀，树冠充实，潜伏芽萌发较少。以短果枝结果为主，果枝连续结果能力较强，较丰产稳产。一般定植后 3 年开始结果。适应性强，抗寒，大小年结果现象不明显。

（2）玉皇李　又名御皇李、郁黄李，是山东省栽培历史悠久品种之一，主要分布在山东聊城、夏津、潍坊等地区。

果实圆形或近圆形，顶部圆或微凹；平均单果重 60 g 左右，大果重 85 g 以上；果实缝合线浅，梗洼中深；果实黄色，果粉较多，银灰色；果肉黄色，细腻，纤维少，汁中多，味甜微酸，香气浓，可溶性固形物含量 10%～14%、总糖含量 11.6%、可滴定酸含量 1.0%，每 100 g 果实含维生素 C 5.72 mg，品质上等。离核，核小，可食率 97%。在原产地 3 月底至 4 月初开花，果实 7 月上中旬成熟。为生食、加工兼用优良品种。

树势中庸，树姿半开张，树冠呈圆头形。萌芽力较弱，成枝力较强，多潜伏芽，结果枝的顶芽亦可抽生发育枝。以短果枝和花束状果枝结果为主，连续结果能力强，丰产性好。定植后3～4年开始结果，5～8年进入盛果期，经济寿命20余年。适应性强，抗旱性较强。

（3）单县大红李 又名紫李子，在山东菏泽的单县、曹县栽培较多。

果实近圆形，顶部圆，果实缝合线深而宽，呈隆起状，两半部对称；果实平均单果重65 g左右，最大可达100 g以上；果梗粗，梗洼较深；果皮底色绿黄，成熟后紫红色，表面光滑；果皮薄，果粉厚，美观；果肉橘黄色，汁中多，味甜微酸，无涩味，具芳香，可溶性固形物含量11.0%，品质优。离核，核小，可食率97.1%。在当地3月底至4月初开花，果实7月上中旬成熟，为鲜食、加工兼用品种。

树势强健，树姿半开张，树冠呈自然圆头形，树冠高大。萌芽力中等，成枝力较弱。嫁接后3～4年开始结果，6～7年后进入盛果期。以花束状果枝和短果枝结果为主，丰产稳产。无采前落果现象。适于平原和黄河故道地区栽培。

（4）乳山大红袍李 分布于山东乳山市诸往镇。

果实近圆形，顶部狭平；平均单果重50 g左右。果皮底色绿黄，密布黄色果点。果粉中厚，果面不平滑。果肉黄色，质细，汁中多，味甜，具芳香，充分成熟前稍有涩味，含可溶性固形物13.5%，品质上等。粘核，核小。是鲜食、加工兼用优良品种。

树势中庸，树姿开张；萌芽力强，成枝力弱；以短果枝和花束状果枝结果为主。定植后3年开始结果，丰产性好。在当地4月上中旬开花，7月底至8月上旬果实成熟。适应性强，耐瘠薄。

（5）青稞李 又名扫帚梅、扫帚黄李，在山东枣庄市峄城区和安丘等有少量栽培。

果实近圆形，顶部稍狭；平均单果重28 g左右。果皮绿黄色，无红晕，充分成熟后黄色，皮厚，难剥离；果粉灰白色，薄；果肉淡黄色，质较细脆，充分成熟后稍软绵，汁中多，味甜不涩，可溶性固形物含量11%、糖含量10.0%、酸含量1.1%，每100 g果实含维生素C 2.8 mg。离核，核小，可食率95.7%，鲜食品质较好。在枣庄3月下旬开花，7月上旬果实成熟。

树势较弱，树姿开张，枝条细而下垂，树冠常呈披散圆头形，树体较矮小，适于密植。结果早，坐果率高，产量一般。果实较小，萌蘖较多。

(6) 平顶香 中国李种，主要分布于山东泰安肥城市、济宁汶上县。

果实扁圆形，顶部平或凹陷，肩部宽，缝合线明显；平均单果重80 g，最大可达100 g以上；果梗粗短，梗洼圆形，广而中深；果实底色黄，充分着色后呈紫红晕，果粉薄，灰白色；果肉淡黄色，质地较软，多汁，味酸甜，具清香，可溶性固形物含量10%～12%，品质中上等。粘核，可食率97.0%。原产地果实7月中旬成熟，为鲜食、加工兼用品种。

树势强健，树冠圆头形，树姿开张或半开张。枝条萌芽力、成枝力较强，潜伏芽萌发抽枝力较强。以短果枝结果为主，开花结果良好，结果后仍能抽枝，短果枝寿命可达4～10年。果实多分布于树冠中外部，内膛结果枝易枯死。抗旱、抗风、抗寒力均较强。结果过多时果形不整齐，有大小年结果现象。

(7) 朱砂红李 在山东郓城一带栽培较多，栽培历史久。

果实近圆形，顶部斜圆；平均单果重50 g左右；成熟后果实呈朱砂红色，光亮美观，果粉较厚，灰白色；果肉淡黄色，近核处黄白色，质脆，汁液中多，味酸甜，香气浓，未经后熟的果实果肉稍涩，品质中上等。离核，核小。在山东郓城，果实7月上中旬成熟。为鲜食、加工兼用品种。

树势中庸，树姿半开张，树冠呈圆头形；枝条硬、直立，结果后稍下垂。以短果枝结果为主，较丰产。

(8) 昌乐牛心李 主产山东昌乐县一带。

果实心形，顶部狭圆；平均单果重 75 g，最大可达 100 g 以上；果实缝合线浅，不明显，两侧对称；梗洼圆形，中深、广；果面底色绿黄。果肉橙黄色，肉质细而脆，汁多，味甜，香气浓，可食率 97%，可溶性固形物含量 15%左右，品质上等，采收后贮存 7～10 d 风味更佳。离核，核小。果实在产地 7 月下旬至 8 月上旬成熟，较耐贮运。

树势较强，树姿开张，树冠呈自然圆头形。枝条萌芽力和成枝力均强。以短果枝和花束状果枝结果为主。自花结实率低，需配置授粉树。丰产性好。该品种对土壤适应性强。

（9）琵琶李 又称洋李子，是欧洲李的品种，在山东各地有零星分布。

果实倒卵形，顶部圆，先端微凹，缝合线浅广，两侧较对称；平均单果重 45 g 左右；梗洼狭、浅；果实底色绿黄，充分成熟时阳面紫红色至全面紫红色；果皮厚，不易剥离，具绿黄色果点，果粉中厚，银灰色；果肉金黄色，近核处黄白色，肉质细密而脆，纤维多，汁中多，味甜微酸涩，稍具芳香，可溶性固形物含量 11%，品质中等。半粘核，核小。在泰安地区果实 7 月下旬至 8 月上旬成熟。果实生食、加工兼用。

树势强健，树姿较直立，树冠呈圆头形。萌芽力强，成枝力弱，树冠内枝条较稀疏，但分布较均匀。以短果枝结果为主，中果枝次之，丰产性较好。可自花结实。

（10）盖州大李 主要分布于辽宁盖州，河北、山东等地也有栽培。

果实心形或近圆形，顶部稍尖或平；平均单果重 53 g，最大可达 100 g 以上；果梗短，梗洼深，缝合线浅，近梗洼处较深，片肉不对称；果实底色黄绿，果皮紫红色，果皮薄，充分成熟时可剥离，果粉厚，灰白色；果肉淡黄色，肉质硬脆，充分成熟松软多汁，风味酸甜适度，微香，可溶性固形物含量 10.0%左右，品质上等。粘核或半离核，核小，可食率 97.6%。在山东泰安地区，果实 7 月中旬成熟。

树势强健，树姿半开张；萌芽力高、成枝力低，以短果枝和花束状果枝结果为主，栽后2～3年始果，丰产稳产。自花不实，需配置授粉树，适宜的授粉品种有大石早生、绥李3号等。采前落果轻。适应性较强，适栽范围较广，适宜较冷凉半干旱地区栽培，抗寒、抗旱。

（11）槜李 果实圆形而微扁，果实上部有一条纹痕，成熟时皮色殷红，密缀黄点，外披一层白色果粉；果肉黄色，鲜润，有酒香味，品质极上等，含可溶性固形物15.2%～16.8%。粘核，核小。果实于6月底至7月上旬成熟。

树势较强，树姿开张；萌芽力和成枝力均中等，以短果枝结果为主。自花结实率极低，需配置授粉树，以蜜李为主，着果率3%～6%。树干较光滑，多年生枝灰褐色，一年生枝红褐色，叶芽贴生，花芽双生或丛生，圆锥形。花蕾黄色，花瓣白色。叶长卵形，顺生，肥厚无光。花蕊小、密集，银白色，具观赏价值。

（12）芙蓉李 是福建省李树的主栽品种。

果实扁圆形，果顶平或微凹；平均单果重64.8 g，最大可达171.5 g；果皮粉红色，果粉厚，果肉深红色，可溶性固形物含量14.5%。单核重2.33 g，可食率96.4%。6月中旬果实初着色，7月下旬果实成熟。

树体自然开心形，枝梢生长比较直立，树冠扩展迅速。定植后第四年开始结果，第六年进入盛果期，平均每667 m^2 产量2 413.5 kg。初结果树以10～20 cm中果枝结果为主，盛果期以花束状结果枝和短果枝结果为主，结果性能良好，每条花束状果枝和短果枝通常结果3～5个，20 cm长的中果枝最多结果15个。若管理不善易出现大小年结果现象。表现出较好的抗逆性。

（13）长春晚红李 1984年在长春市郊区兴隆山锁铁北村王汉义李子园发现的一株大果型晚熟李，1994年9月通过长春市技术鉴定，正式命名为晚红李。

果实呈扁圆形，果个大，整齐均匀，平均单果重96 g，最大可达130 g以上；梗洼及缝合线深，外观漂亮；果皮厚，果粉厚，灰白色；果肉黄色，肉脆，酸甜适口，香味浓，多汁，含可溶性固形物14.5%，品质佳。粘核，核小，可食率96%以上。果实9月初成熟，果实发育期115 d左右，耐贮运，室内常温条件下可贮存20 d。

树冠呈自然开心形，植株生长势强，幼树较直立，结果后开张，萌芽力、成枝力均强；嫩梢绿色，一年生枝条浅红褐色，二年生以上枝条棕褐色。叶片直立着生，呈倒阔披针形，先端尖突，叶色浓绿，无光泽；叶柄中短，绿色。以花束状短果枝结果为主，幼树长、中、短果枝均可结果。自花结实率较低。无采前裂果和落果现象。丰产性极强，一般栽后第二年见果，第三年株产18 kg，第四年株产35 kg，第五年株产47 kg，第九年株产138 kg。

该李抗寒力强，在−40 ℃条件下无冻害，结果后无不良反应。抗李红点病，抗李细菌性穿孔病能力中等，较抗蚜虫和李小食心虫。

(14) 龙园蜜李　1980年以横道河子大红李为母本、福摩沙为父本进行杂交。1995年2月，通过黑龙江省品种审定委员会审定，定名为龙园蜜李。

果实近圆形，大而整齐；平均单果重56 g，最大可达75 g；果实纵径4.45 cm，横径4.52 cm；果面底色黄绿，阳面浅红，缝合线浅，果粉厚；果肉黄色，肉质细，纤维少，甜酸多汁，有香味，可溶性固形物含量14.5%。核小，离核，品质上等。果实8月中旬成熟。

树势中庸，树姿半开张，树冠紧凑，呈自然半圆形；萌芽力、成枝力均强，一年生枝条较直立。以短果枝、花束状果枝结果为主。栽后2年见果，3年有产量，丰产稳产。适应性较强，抗寒力强。

(15) 风味玫瑰　是用李和杏进行多代杂交后获得，果实具浓郁芬芳的玫瑰花香味，含糖量比任何一个杏和李品种都高。李基因占75%，杏基因占25%。

果实近圆形，大而整齐；平均单果重85 g，最大可达150 g以上；果皮紫黑色，果肉红色，果汁多，味香甜，可溶性固形物含量16%～17%。极早熟，果熟期5月下旬至6月上旬。

树势中庸，树姿开张，栽植后2年结果，4～5年进入盛果期，丰产，单株产果量可达30～40 kg，每667 m^2 产量可达2 200 kg。

2. 国外新品种

（1）澳得罗达李 美国加利福尼亚州李树主栽品种之一。1987年从澳大利亚引进。

果实扁圆形，顶部平圆；平均单果重52.1 g，最大可达83.0 g；果皮鲜红色，无果点和果粉；果肉金黄色，质细、不溶质，味甜，含可溶性固形物12.8%，品质上等。离核，核较小。果实8月上旬成熟。果实色泽鲜艳，鲜食风味好。

树势强旺，枝条直立。新梢黄绿色，一年生枝红褐色。短枝多，花束状枝着生较密，以花束状果枝和短果枝结果为主。坐果率高，可连年丰产。早果丰产。抗虫性较强，应加强疏花疏果，增大果重。

（2）拉罗达李 美国以Gariota×santa Rosa育成。美国加利福尼亚州主栽李品种之一。1987年从澳大利亚引进。

果实卵圆形，顶部圆；平均单果重66.7 g，最大可达86.4 g；果皮紫色，果粉中多，果点大而密；果肉金黄色，质硬而细韧，汁较多，味甜酸，含可溶性固形物15.2%、总糖12.7%、总酸1.2%，品质中上等。粘核，核中大，扁椭圆形，可食率93.1%。8月中旬果实成熟。

树势强旺，树姿半开张；新梢褐黄色，一年生枝棕黄色，成枝力较强；长中短果枝和花束状果枝均能结果，坐果率高。应疏果，增大果重。芽苗定植第四年进入早期丰产期。耐贮运。

（3）先锋李 美国以Mariqosa×Laroda杂交育成。1987年从澳大利亚引进。

果实卵圆形，顶部圆；平均单果重79.3 g，最大可达95.0 g；果皮紫色，果粉较少，果点大而明显；果肉鲜红色，质细，汁液丰富，味甘甜，有香气，含可溶性固形物13.4%，品质上等。粘核，核小，可食率97.8%。在泰安7月下旬果实成熟。

树势中庸偏弱，成枝力较强，枝条细弱。新梢红绿色。以中短果枝结果为主，坐果率高，丰产。耐贮运。

(4) 红心李 美国以Duart×Wicrson杂交育成。1987年从澳大利亚引进。

果实心脏形，顶部尖圆；平均单果重69.4 g；果皮棕红色，无果粉，果点大，明显；果肉血红色，质细，汁液丰富，味甘甜，香气较浓，含可溶性固形物13%、总糖11.2%、总酸0.79%，品质上等。粘核，可食率97.3%。较耐贮运。7月中旬果实成熟。

树势强旺，枝条粗壮直立。成枝力中等，以花束状果枝结果为主。定植后第四年即获早期丰产。毛樱桃作砧木有“小脚”现象。

(5) 早美丽 美国品种，亲本不详，山东省果树研究所于1992年自美国加利福尼亚州引入。

果实心脏形，果顶尖，缝合线浅，两半部对称；单果平均重37.6 g，果面鲜红色，果粉厚，光亮美观；果肉淡黄色，质地细嫩，硬溶质，汁多，味甜爽口，香气浓郁，可溶性固形物含量12.8%，品质上等，商品性好。果实6月上旬成熟。

树势中庸偏弱，树姿开张；枝条柔软，节间短，萌芽力强，成枝力中等。叶片较窄，中小型。花白色，多数花芽含2～3朵花。长、中、短枝和花束状枝都能成花结果，极丰产，高接后第二年即形成大量花芽，第三年单株产量8 kg。

抗蚜虫和红蜘蛛能力强，未发现严重病害，抗晚霜能力强。栽培上应注意疏花疏果，增大果个。修剪上要注意多短截，促发壮枝；果实成熟期不一致，宜分批采收。

(6) 大石早生 日本福岛县伊达郡大石俊雄于1939年从台湾李的实生苗中选出。

果实卵圆形，果顶尖，缝合线较深，片肉对称；梗洼深较广；单果重41～53 g；果皮底色黄绿，鲜艳红色，果皮中厚，易剥离，果粉较多，灰白色；果肉淡黄色，有放射状红条纹，质细、松脆，细纤维较多，汁液多，味酸甜，微香，含可溶性固形物 11.5%，品质上等。粘核，核小，可食率 97.6%。在山东泰安地区果实 6 月中旬成熟。

树势强健，树姿直立，树冠呈自然圆头形。萌芽力强，成枝力弱，以花束状果枝和短果枝结果为主。结果早，定植后 3 年开始结果。自花不实，需配置授粉树。抗细菌性穿孔病能力强，抗旱、抗寒能力强。幼树期生长旺盛，停长较晚，易发生抽条现象，早期丰产性能较差，果面有少量锈斑。

(7) 特早红 山东省果树研究所于 1997 年从北美引进的早熟优良新品种。

果实卵圆形，果形端正；果个中大，平均单果重 76.0 g，最大可达 102 g；缝合线浅，两半部对称；果皮底色浅绿，果面光滑，完熟后果实全红，鲜艳美丽；果肉黄色，肉质脆，果汁中多，风味甜、爽口，可溶性固形物含量 12.4%，品质上等。6 月 20 日左右果实成熟，果实生育期 75 d 左右。

树势较强，树姿半开张；一年生枝绿色，节间长 1.96 cm，多年生枝红褐色。叶片卵圆披针形，叶尖渐尖，叶基圆楔，鲜绿色，中大。花白色，冠较小。萌芽率低，成枝力较强，一般情况下对外围延长枝中截发枝 3.5 个左右，幼树新梢能分生副梢。成花容易，幼树以长、中果枝结果为主，盛果期以短果枝和花束状果枝结果为主，占果枝总量的 76.8%；自然授粉花朵坐果率 28.7%。为提高坐果率和果实品质，建园时按（5～6）∶1 配置黑宝石、黑琥珀、澳得罗达等授粉品种。幼树结果早，栽后当年即能形成花芽，第二年开花株率 49%；第三年平均株产 9.0 kg。

适应性范围广，病虫害少。对细菌性穿孔病、早期落叶病有较强抗性。

(8) 红美丽李 美国品种。山东省果树研究所于 1991 年从美国加利福尼亚州引进。

果实心脏形，果顶尖，缝合线明显，浅，两半部对称；平均单果重 56.9 g，最大单果重 72 g；果皮底色黄，果面光亮、鲜红色，艳美亮丽；果皮中厚，完全成熟时易剥离；果实没有完全成熟时果肉淡黄色，果点小而密，不明显，果粉少，完全成熟后鲜红色；肉质细嫩，可溶，汁液较丰富，酸甜适中，香味较浓，可溶性固形物含量 12.0%，糖酸比为 7：1，品质上等。果核小，椭圆形，粘核，可食率 96.0%。该品种在泰安地区 6 月下旬果实成熟，果实生育期为 75～80 d。

树势中庸，树姿开张；枝条分枝角度较大，幼龄树分枝多。萌芽率、成枝率均高，新梢能抽生大量副梢。枝条极易成花，多数新梢都能形成花芽结果。成花容易，结果早，丰产。进入大量结果以后，树势趋向缓和，生长稳定。幼树以中、长果枝结果为主，进入盛果期树则以短果枝和花束状果枝结果为主，坐双果比率高。

适栽范围广，适应性强，平原、丘陵薄地均可栽培，对细菌性穿孔病、早期落叶病也有较强的抗性。

(9) 蜜思李 原产新西兰，以中国李×樱桃李（*Prunus salicina*×*Prunus cerasifera*）杂交育成。

果实中大，近圆形，果顶圆；单果重 50～65 g；缝合线不明显，缝合线两边比较对称；果柄细长，梗洼窄浅；果皮厚韧，果面紫红色，果粉中多，果点小，不明显；果实没有完全成熟时果肉淡黄色，完熟后呈鲜红色，肉质细嫩，汁液丰富，酸甜适中，香气较浓，含可溶性固形物 13%、总糖 10.5%、可滴定酸 1.3%，品质上等。核极小，粘核，可食率 97.4%。在山东泰安地区3 月下旬萌芽，盛花期为 4 月 4～5 日。果实 6 月中下旬开始着色，6 月底 7 月初成熟，生育期 75～80 d。

树势中庸，树姿开张，枝条分枝角度大，树冠紧凑，适合高密栽培。嫩梢紫红色，叶柄较长，叶缘多向上翻卷。花为中型，每花序有 2～3 朵花。萌芽率高，成枝力强，以长果枝结果为主，丰产性好。自花授粉结实率高，达 38.5%。抗寒，耐旱力强，对细菌性穿孔病、早期落叶病也有较强的抗性。

(10) 黑琥珀 美国品种，以黑宝石×玫瑰皇后杂交育成，于 1980 年发表。

果实扁圆形，果顶平，缝合线不明显，两半部对称；平均单果重 101.6 g，大果重 150 g；果皮厚、韧，完全成熟时呈紫黑色，果点小，不明显，果粉少；果肉淡黄色，不溶质，质地细密、硬韧、汁液中多，香甜可口，可溶性固形物含量 12.4%，品质上等。离核，果核小，可食率 99%。在山东泰安地区果实 7 月下旬成熟，属中早熟品种。

树势中庸，枝条直立。幼树新梢生长偏旺，以短果枝和花束状果枝结果为主，以坐单果为主。栽培上一般不需要疏花疏果。自花不实，栽培上需要配置授粉树，如澳得罗达、玫瑰皇后、红心李、拉罗达李等。早实，丰产性较好，一般幼树三年生始果，四年生平均株产 14.1 kg。

抗病性强，不易感染病毒病。土壤适应性广。

（11）卡特利娜李 美国品种，是安哥诺李的自然授粉实生种，为加利福尼亚州十大主栽品种之一。山东省果树研究所于 1991 年从美国加利福尼亚州引进。

果实大型，扁圆形；平均单果重 85.4 g，最大可达 139 g 以上；果顶平，缝合线浅而不明显，两半部对称；果柄中短，梗洼深广；果实完熟时黑色，果面光滑有光泽，果点小、不明显；果皮中厚，果粉中多；果肉淡黄色，不溶质，质地细密、硬脆，果汁中多，酸甜适中，有香味，可溶性固形物含量 12.8%，糖酸比为 9∶1，品质上等。果核小，粘核。果实耐贮运，在 0～3 ℃条件下能贮存 5～6 个月；果实货架期 20～30 d。是一个综合经济性状优良的紫黑色、中熟李品种。在泰安 7 月底至 8 月初果实成熟。

树性稳健，树姿半开张，枝条生长紧凑。树干和多年生枝深褐色，新梢绿色，节间长 2.35 cm。叶片宽披针形，叶尖渐尖，叶基广楔形，叶缘具钝锯齿，叶面平展，叶柄长 1.52 cm。花芽中大、圆形；花大型，花瓣白色显著，每花序有 1～2 朵花，雄、雌蕊发育健全。幼树分枝多，萌芽率高，成枝力中等，新梢生长量大，并具有抽生副梢特性，如配合夏季修剪，当年即能形成稳定的丰产树体结构。以短果枝和花束状果枝结果为主。长、中果枝坐果差。幼

树早实，丰产性较好，

在正常管理条件下，栽后 2 年开花，3 年结果。在自然授粉条件下，坐单果。该品种自花不实，需配置授粉树，适宜授粉品种为黑宝石、圣玫瑰和威克森。

抗寒、抗旱、耐瘠性强，对细菌性穿孔病、早期落叶病也有较强的抗性。

(12) 玫瑰皇后李 美国品种。山东省果树研究所于 1987 年从澳大利亚引进。

果实扁圆形，果顶圆平；平均单果重 86.3 g，最大可达 150.0 g；果柄粗、短，梗洼宽深；果面紫红色，果点大而稀，果皮薄，有果粉；果肉琥珀色，肉质细嫩，汁液丰富，味甜可口，含可溶性固形物 13.75%，品质上等。核小，离核，耐贮运。果实 8 月初成熟，生育期约 120 d。

树势强旺，枝条直立；萌芽力、成枝力均强。以花束状果枝结果为主。自然授粉坐果率 12.5%，需配置授粉树，如圣玫瑰、黑宝石、拉罗达等。栽后第三年始花见果，适以桃或杏作钻木，表现生长旺盛、根系发达。

(13) 大红玫瑰李 美国品种。山东省果树研究所于 1991 年从美国引入。

果实长圆形，果顶平，缝合线浅而明显，两半部对称；平均单果重 91.4 g，最大可达 140 g；果实底色金黄，果面光亮，着色全面鲜红，果点小而密，不明显，果粉少；果肉橙黄色，不溶质，致密，细嫩，汁液丰富，酸甜可口，可溶性固形物含量 12.9%，品质上等。果核小，离核，可食率 97.0%。较耐贮运，在 0～3 ℃条件下能贮存 3 个月。果实 8 月中旬成熟，果实生育期 125 d 左右。

树势中庸偏旺，树姿半开张；萌芽率高，成枝力中等。幼龄树长、中、短果枝均能良好结果。进入盛果期以后，以短果枝和花束状果枝结果为主。坐果以坐单果为主。大红玫瑰李早实丰产性强，高产稳产，自花结实率中等，花朵坐果率 12.1%。定植翌年结果。

抗寒、抗旱、耐瘠性强，对细菌性穿孔病、早期落叶病有较强的抗性。

（14）皇家宝石 美国品种，为加利福尼亚州主栽品种之一，山东省果树研究所于1991年从美国引入。

果实近圆形，果顶平滑，缝合线不明显，两半部较对称；平均果重91.8 g，最大可达128 g；果实底色黄，果面光亮，完熟时紫黑色，果皮厚，不易剥离，果点小而稀，果粉少；果肉淡黄色，不溶质，质地细密、硬脆，汁液丰富，酸甜爽口，香味较浓，可溶性固形物含量14.8％，品质上等。果核小，粘核。在山东泰安地区，9月上旬果实成熟。耐贮运。

树性强健，树冠开张。幼树生长偏旺，枝条直立性强。树干和多年生枝褐色，一年生枝浅褐色，皮孔小。叶片宽椭圆披针形，叶尖渐尖，叶基楔形，叶缘粗锯齿状，叶面光滑，平展。叶脉中密。花芽较大，圆形；花冠大型，花瓣白色显著。每花序有2～3朵花，雄、雌蕊均发育健全。花序以坐单果为主。萌芽率高，成枝力低。以短果枝和花束状果枝结果为主，中、长果枝也具有良好结果能力。自花不实，栽植时需配置授粉树，适宜品种为圣玫瑰、玫瑰皇后等。

具有抗寒、抗旱、耐瘠薄、抗病虫等特性。

（15）黑宝石 美国品种，由Gariota×Nubiana杂交育成。

果实扁圆形，果顶平圆，缝合线明显，片肉对称；平均单果重79.2 g，最大可达150 g；果柄短粗，梗洼宽浅；果面紫黑色，果粉少，无果点；果肉黄色，质硬而脆，汁液较多，味甜爽口，含可溶性固形物11.5％，品质上等。果实肉厚，核小，离核，可食率98.9％。果实于9月上旬成熟，果实发育期135 d。果实货架期25～30 d，在0～5 ℃条件下可贮藏3～4个月。

树势壮旺，枝条直立，树冠紧凑。萌芽率较高，成枝力低。结果初期以长果枝和短果枝结果为主，成龄树以短果枝、花束状果枝结果为主，极丰产。具一定自花结实能力，但仍需配置授粉树，如早美丽、红美丽等。在一般管理条件下，二年生始花见果，四至五年生进入盛果期。抗旱性强，抗寒力一般，不抗细菌性穿孔病。该品种早果性强，极丰产，果个大，耐贮运，货架期长，缺点为抗病力较弱。

（16）安哥诺 美国品种，加利福尼亚州十大李主栽品种之一，亲本不详。

果实扁圆形，果顶平，缝合线浅而不明显；平均单果重102 g，最大可达178 g；果实完全成熟后为紫黑色；采收时果实硬度大，果面光滑而有光泽，果粉少，果点极小，不明显，果皮厚；果肉淡黄色，近核处果肉微红色，不溶质，清脆爽口，质地致密、细腻，经后熟后汁液丰富，味甜，香味较浓，可溶性固形物含量为13.5%～15.2%，品质极上等。果核极小，半粘核。在济南地区果实9月下旬成熟。果实耐贮存，常温下可贮至元旦，冷库中贮至翌年4月底。

树姿开张，树势稳健；萌芽率高，成枝力中等，进入结果期后树势中庸。以短果枝和花束状果枝结果为主。花量大，一般坐单果，果个均匀。高接树二年生即可结果，幼树三年生开始结果。在山地、平原均表现生长良好，耐旱、抗寒性强，病虫害较轻。

（17）秋姬 日本李新品种。

果椭圆形，缝合性明显，两侧对称；果实特大，平均果重150 g，最大可达350 g；果面光滑亮丽，完全着色浓红色，其上分布黄色果点和粉；果肉厚，橙黄色，肉质细腻，品质优于黑宝石和安哥诺品种，味浓甜，且具香味，可溶性固形物含量18.5%。离核，核极小，可食率97%。果实硬度大，鲜果采摘后，常温条件下可贮藏2周以上，贮藏期间色泽更艳，香味更浓，气调库可贮藏至元旦。

树势强健，分枝力强，幼树生长旺盛，新梢生长直立。叶片长卵形，较小。幼树成花早，花芽密集，花粉较少，需配授粉树。鲁南地区4月初萌芽，4月下旬花芽萌动，5月上旬盛花，花期1周左右，9月上旬果实开始着色，9月中旬完全成熟，11月上旬落叶。丰产性强，品质优良，抗病、耐贮等优点突出。

（二）生物学特性

1. 根系的生长发育

李树栽培上应用的多为嫁接苗木，砧木绝大部分为实生苗，少数为根蘖苗。李树的根系属浅根系，多分布于距地表 5～40 cm 的土层内，但由于砧木种类不同，根系分布的深浅有所不同，毛樱桃为砧木的李树根系分布浅，0～20 cm 的根系占全根量的 60%以上，而毛桃和山杏砧木的分别为 49.3%和 28.1%。

根系的活动受温度、湿度、通气状况、土壤营养状况以及树体营养状况的影响。根系一般无自然休眠期，只是在低温下才被迫休眠，温度适宜，一年之内均可生长。土温达到 5～7 ℃时，即可发生新根，15～22 ℃为根系活跃期，超过 22 ℃则根系生长减缓。土壤湿度影响土壤温度和透气性，也影响土壤养分的利用状况，土壤含水量为田间持水量的 60%～80%是根系适宜的湿度，过高、过低均不利于根系的生长。根系的生长节奏与地上部各器官的活动密切相关。一般幼树一年中根系有 3 次生长高峰，一般春季温度升高，根系开始进入生长高峰，随开花坐果及新梢旺长生长减缓。当新梢进入缓慢生长期时进入第二次生长高峰。随果实膨大及雨季秋梢旺长又进入缓长期。当采果后，秋梢近停长、土温下降时，进入第三次生长高峰。结果期大树则只有两次明显的根系生长高峰。了解李树根系生长节奏及适宜的条件，对李树施肥、灌水等重要的农业技术措施有重要的指导意义。

2. 芽、枝和叶的生长特性

（1）芽的种类与特性 李树芽按性质分为花芽和叶芽两大类。着生于新梢叶腋内，以后生长为枝梢的芽称为叶芽，发育为花、果的芽称为花芽。一节着生一个叶芽或花芽时称为单芽，着生 2 个以上的称为复芽，李树多为复芽。枝梢的顶芽和复芽中间位置的芽均为叶芽，复芽的两侧为花芽。长果枝上复花芽多，单花芽少，短果枝上单花芽多。李树的潜伏芽寿命长，为树冠修剪和更新改造提供了有利条件。

（2）枝的种类与特性 枝梢按其功能也可分为两大类，分别称为生长枝（营养枝）、结果枝。

李的生长枝按其生长位置和长势不同可分为延长枝、侧枝、徒长枝和竞争枝。

延长枝：主干、主枝、侧枝先端的枝条为延长枝。其生长势强、组织充实，是扩大树冠、形成树体的主要枝条。

侧枝：主枝上的腋芽萌发出的枝梢，长势较旺，角度较好，距主干 40～50 cm。侧枝是结果枝主要着生位置。

徒长枝：潜伏芽通过修剪刺激作用而萌发的枝条，直立向上，长度超过 70 cm，称为徒长枝。由于徒长枝生长旺盛，组织不充实，不能形成结果枝，如要将其培养为骨干枝，则要进行短截。

李的结果枝按其长短和形态不同可分为长果枝、中果枝、短果枝、花束状果枝 4 种。

长果枝：枝长 30 cm 以上，其花芽占比较多，花芽充实饱满，是幼龄李树的主要结果枝。长果枝结果的同时还能萌发生长势适度的新梢，或为翌年的结果枝。

中果枝：枝长 15～30 cm，一般多为复花芽，是初果期李树的主要结果枝，中果枝结果的同时也能发生中、短果枝和花束状短果枝。

短果枝：枝长 5～15 cm，是盛果期李树的主要结果枝，连续结果能力强，树枝营养充足的短果枝当年结果的同时仍然能抽生短果枝。

花束状短果枝：为 5 cm 以下的结果枝，因节间很短，开花时花密集成花束状，是盛果期和衰老树的主要果枝。肥水、光照条件良好可连续结果 3～5 年，否则结果后易衰老，形成枯枝。

在生产中要通过施肥、修剪、拉枝以培养大量的中果枝、短果枝，才能保证连续稳产、高产。在花束状短果枝占比增大时，要及时采用更新修剪技术，培养中、短果枝，提高结果能力。

(3) 叶 叶片是树体进行光合作用的器官，是产量形成的基础。叶片既能吸收空气中二氧化碳和水，还可以直接吸收矿质元素，生产上常利用这一特性进行根外追肥。

3. 开花与坐果

(1) 花芽分化与开花 芽原始体在发育过程中，一类向营养生长发展，另一类在一定条件下向生殖生长发展，形成花芽，形成花芽的过程称为花芽分化。花芽分化一般在夏秋梢生长减缓后开始，然后通过冬季休眠，花器才能正常发育成熟，春季开花。花芽分化的初期与果实生长后期有一段重叠，所以壮果肥、采果肥的施用不仅关系到当年产量，还影响到翌年花的数量、质量。

李花从花芽膨大到落花需 15～20 d，整株树从始花（开始 5%）到终花（谢花 95%）15 d 左右，一天中以下午 1～3 时为盛花期。

(2) 果实生长 李树可以在当年生的新梢上形成花芽。新梢的顶端为叶芽，叶腋处则生花芽。通常在一个叶腋内着生几个芽，中央为叶芽，旁边则为花芽。以中、短果枝和花束状果枝结果为主。结果最好的是三至五年生枝，五年生以上的枝着果率开始下降。

果实生长发育有明显的 4 个阶段：

第一阶段：幼果膨大期，从授粉受精的子房开始膨大到果核木质化之前，果实的体积迅速增加，果核果肉没有分离。

第二阶段：硬核期，果实无明显增大，果核从先端开始逐渐木质化。

第三阶段：果实快速膨大期，这一阶段为果实的第二次生长期，果实快速膨大期的初期，果核才完成硬化，果肉厚度和重量快速、明显地增加，是产量形成的重要时期。

第四阶段：成熟期，果实快速膨大转入成熟期，可划分为硬熟期和软熟期进行采收。加工用果于硬熟期采收，鲜食用果于软熟期采收。

(3) 落花落果 在落花落果过程中，主要有3次。

第一次：主要是落花，开花后带柄脱落，是由于雌蕊发育不充实所致。

第二次：主要是幼果脱落，于开花后2～4周幼果呈绿豆大小时带柄脱落，此时落果主要是由于受精不良或子房发育缺乏某种激素、胚乳败育等原因造成。

第三次：在第二次落果后两周开始，幼果直径2 cm，主要是由于营养不良、日照不足等因素造成，水分失调也能加重落果。

在生产上保花保果的措施主要是通过增加激素减少第二次落果或根外追肥改良营养减少第三次落果，但更重要的要从治本入手，增加树体营养储备从根本上解决问题。

4. 果实成熟

李果的成熟特征是绿色逐渐减退，显出品种固有的色彩（大部分品种的李果表面有果粉，肉质稍变软）。红色品种在果实着色面积为全果近一半时为硬熟期，90%着色为半软熟期；黄色品种在果皮由绿色转绿白色时为硬熟期，而果皮呈淡黄绿色时即为半软熟期。李果采收必须适时，通常中成熟前期采摘，采收过早，风味不佳；过于成熟的，果实已变软，不耐贮藏。

(三) 建园和栽植技术

1. 对环境条件的要求

(1) 温度 李树因种、品种不同对温度的要求也不一样。

李树对温度的要求因种类和品种不同而异。中国李、欧洲李喜温暖湿润的环境，而美洲李比较耐寒。同是中国李，生长在我国北部寒冷地区的绥棱红、绥李3号等品种可耐－42～－35 ℃的低温；而生长在南方的芙蓉李、槜李等对低温的适应性较差，冬季低于－20 ℃就不能正常结果。

李树花期最适宜的温度为12～16 ℃。不同发育阶段对低温的抵抗力不同。如花蕾期－5.5～－1.1 ℃就会受害，花期和幼果期则为－2.2～－0.52 ℃。李树各器官中花芽的耐寒力最弱。例如，辽宁省营口市熊岳地区在冬季极端温度为－22.6 ℃，槜李、红心李等花芽和新梢发生冻害。因此，北方李树要注意花期防冻。李树花期遇到极端低温天气，受冻程度会更重。例如，2013年3月1日至4月4日，宁夏大部分地区气温明显偏高，使李树提前萌动1～2周，4月上旬已经开花或处于花蕾期。4月5日以后，受冷空气影响，宁夏各地气温猛降，6日、9日、10日全区各地最低气温低于－4 ℃，出现严重霜冻。正值开花期的李几乎绝产，90%以上面积经济林果受灾严重。

（2）光照 李树是喜光树种。李树通风透光好，则果实着色好、糖分高、枝条粗壮、花芽饱满。但李树一般在水分条件好、土层比较深厚、光照不太强烈的地方，也能生长良好。阴坡和树膛内光照差的地方果实成熟晚、品质差、枝条细弱、叶片薄。因此，栽植李树应在光照较好的地方并修整成合理的树形，对李树的高产、优质十分有利。

（3）水分 李树的根系分布较浅，对土壤缺水或水分过多较敏感。李树属于抗旱性和耐涝性中等的果树。李树因种类、砧木不同对水分要求有所不同。中国李适应性较强，在干旱和潮湿地区均能生长。欧洲李和美洲李对空气湿度要求较高，喜欢湿润环境。以毛桃为砧木的李树一般抗旱性差、耐涝性较强；以山桃为砧木的李树耐涝性差、抗旱性强；以毛樱桃为砧木的李树根系浅，不太抗旱。因此，李树宜于山陵地栽培，平原地栽李树要注意排水防涝。阴雨季节和多雨地区，不仅易造成徒长，也会引起采前落果和裂果，因此要特别注意防涝栽培。暖湿地区起垄栽培，既可抗旱，又能防涝，应积极推广应用。不同品种类型对水分条件的要求也不同。如北方李较耐干旱，适于较干旱条件栽培；南方李比较耐阴湿，适于温暖湿润条件栽培。选择品种时要根据当地条件，做到适地适栽。

(4) 土壤 李树对土壤条件的要求不太严格，在各种类型的土壤上都能正常生长发育。对土壤的适应性以中国李最强，几乎在各种土壤上李树均有较强的适应能力。欧洲李、美洲李适应性不如中国李。但所有李树均以土层深厚的沙壤、中壤土栽培表现好。黏性土壤和沙性过强的土壤应加以改良。李树对土壤酸碱的适应能力强，pH 4.7～7 的中性偏酸的坡地上均能生长良好，对盐碱土适应性也强。

2. 建立无公害李园的环境质量标准

在建立无公害果园之前，应对果园的大气、灌溉水和土壤质量进行监测，只有这 3 方面均符合标准要求才能被确认为无公害果品生产基地。

(1) 大气环境质量标准 无公害李的产地环境空气质量应符合《无公害食品林果类产品产地环境条件》(NY 5013—2006) 中产地环境空气质量的规定 (表 1-1)。

表 1-1 环境空气质量要求 (mg/m^3)

项目	浓度限值	
	日均值	1 h 均值
总悬浮颗粒物 (标准状态)	0.30	—
二氧化硫 (标准状态)	0.15	0.50
二氧化氮 (标准状态)	0.12	0.24
氟化物 (标准状态)	7	20

注：日平均指任何 1 日的平均浓度；1 h 平均是指任何 1 h 的平均浓度。

(2) 土壤环境质量标准 无公害李产地土壤质量标准应符合《无公害食品林果类产品产地环境条件》(NY 5013—2006) 中有关土壤环境质量的规定 (表 1-2)。衡量无公害果品产地土壤环境质量的指标项目主要是重金属和砷。

表 1-2　土壤环境质量要求（mg/kg）

项目	含量限值		
	pH<6.5	pH 6.5～7.5	pH>7.5
镉	0.30	0.30	0.60
汞	0.30	0.50	1.0
砷	40	30	25
铅	250	300	350
铬	150	200	250

注：本表所列含量限值适用于阳离子交换通道>5 cmol（+）/kg 的土壤，若≤5 cmol（+）/kg，含量限值为表内数值的半数。

（3）灌溉用水质量标准　无公害李产地农田灌溉水质应符合《无公害食品林果类产品产地环境条件》（NY 5013—2006）中有关灌溉水质量的规定（表 1-3）。

表 1-3　灌溉水质量要求

项目	浓度限值
pH	5.5～8.5
总汞（mg/L）	0.001
总镉（mg/L）	0.005
总砷（mg/L）	0.1
总铅（mg/L）	0.1
铬（总价）（mg/L）	0.1
氟化物（mg/L）	3.0
氰化物（mg/L）	0.5
石油类（mg/L）	10

需要说明的是，医药、生物制品、化学试剂、农药、石化、焦化和有机化工等行业的废水（包括处理后的废水）不应作为无公害食品林果类产品产地的灌溉水。灌溉水质量由检测机构对水质进行定期监测和评价。为了保障用水安全，在灌溉期间采样点应选在灌

溉水口上方位。氰化物的标准数值为一次测定的最高值，其他各项标准数值均为灌溉期多次测定平均值。

(4) 果园污染与治理

① 果园污染。

a. 有害气体的污染。有害气体的污染包括大气中的总悬浮颗粒物、二氧化硫、氟化物、氮氧化物、氯气等。其主要来源于工业废气、家庭燃气及汽车尾气等。煤炭、石油等在燃烧过程中以废气方式释放出的砷和铅也对环境造成了极大的危害。

b. 重金属的污染。重金属元素主要是指镉、汞、铜、铅、铬、锌、镍和类金属元素砷。这些元素虽然都是土壤的构成元素（其中锌和铜还是植物的必需元素），在土壤中均有一定的背景值，但含量过高就会对土壤造成污染。

c. 农业生产资料的污染。包括农药、化肥等。农药污染的来源包括含汞农药、铅制剂、含砷农药（如退菌特、甲基砷酸锌、福美胂等）、含铜农药和含锌农药。在我国果树生产中，前两类农药已基本被淘汰，但后 3 类农药，尤其是含铜农药（如硫酸铜、碱式硫酸铜、络氨铜、氧氯化铜、氢氧化铜、春雷·王铜等）和含锌农药（如代森锌、代森锰锌、甲霜灵·锰锌、福·福锌、噁霜·锰锌矾等）的施用仍然十分普遍。

② 防止果园污染的技术措施。

a. 加强果园生态建设。在水库、河流上游及水体附近种植林木。控制和消除工业污染物向果园排放，加强污水灌溉区的监测和管理，净化后方可使用。

b. 因地制宜制定规范化生产技术规程。

c. 强化病虫害的综合治理。在果树病虫害防治过程中，减少和控制农药污染最有效的方法是把化学防治同农业防治、生物防治、物理防治等方法协调、灵活地结合起来，采取综合治理措施。一是加强果园管理，控制病虫害发生发展，避免使用化学农药。农业防治是最基本、最经济的防治方法。一方面创造有利于果树生长发育的条件，使其生长健壮，增强对病虫害的抵抗能力，另一方面不利于有害生物活动、繁衍，从而达到控制病虫害发生发展的目的。二是减少使用化学农药，尽量采用化学防治以外的方法防治病虫害，以减少农药污染。大力推广生物防治技术，充分保护和利用自然天敌或在果园大量释放天敌，以虫治虫；利用真菌、细菌、放线菌、病毒、线虫等有益生物或其代谢产物防治果树病虫害；利用昆虫激素诱杀昆虫等。利用生物防治，成本低，无公害。开展物理防治，根据病虫的某种生物学特性，辅以较简单的机械措施，直接将病虫害消灭。最常用的有捕杀、阻隔、诱杀、果实套袋、树干涂白、手术治疗、高温处理等方法。

d. 科学合理地施用农药和肥料。严格执行国家有关农药使用的政策和法规，合理使用农药，采用低量或超低量喷洒方法。提高科学使用农药技术，避免因用药不规范造成的污染。

e. 果园土壤重金属污染的防治应坚持“预防为主”的方针，着重控制和消除污染源。对于已经污染的土壤，应采取有效措施，消除土壤中的污染物或者控制土壤中污染物的迁移转化方向。

治理果园重金属污染有以下措施：采用排土（挖去污染土层）和客土（用无污染土壤覆盖被污染土壤）方法进行改良；化学改良和生物改良；增施有机肥，增加土壤有机质含量能促进土壤对重金属元素的吸附，提高土壤的自净能力。

3. 园地选择与规划

依据李树对外界环境的要求，一般应选择土层较深、坡度小、背风向阳、排水良好的地作为建园之用。对于排水不良的低洼易涝地区，应当挖深沟，然后起高垄种植，以利于排除渍水。

（1）平地建园 为了充分利用土地，便于经营管理，在栽植前应进行合理规划。面积较大的，应区划若干小块，在各小块李园之间设立主路、支路和小路。主路宽度以能行驶机动车为原则，支路以能通行人力车为准，小路应便于管理人员的行动。在建园中排灌系统不可忽略。李园的灌水系统是由主沟、支沟和园内小灌水沟组成。灌水时，主沟将水引至园中，支沟将水从主沟中引至园内各小块，小灌水沟将支沟的水再引至李树行间。至于排水系统则由小块李园内的小排水沟、小块边沿的排水支沟和排水主沟组成。主沟末端为出水口。这样就便于天旱灌水和雨天排涝。

（2）山地建园　山地建立李园时，应根据坡度大小做好水土保持工程，使李园能保水、保土、保肥。所以，山地建李园常采用水平梯田。水平梯田有利于增厚土层，提高肥力，防止冲刷，有利于灌溉和管理。水平梯田是由梯壁、梯面和边埂、排水沟等构成。具体筑法：在修筑水平梯田时，要按照定植行距和地形，根据等高线将梯面破开，铺成平面。梯田壁一般用石砌成或用草皮泥团叠砌成，梯田壁地脚要宽，上部稍窄些，且向内稍微倾斜为宜。砌石或用草皮泥团叠砌时要结实，壁面要整齐，填土补缝砸实，使之坚固。做梯面时要做到外高内低，在梯面内沿挖一排水沟，将挖出的土堆在梯面外沿筑成边埂，使雨水不从梯面外沿下流，而自梯面向里流，沿排水沟流入自然沟或蓄水池。

山地建李园，同样要有道路和排灌系统的设置。道路可根据地形修筑。排水可在园地上方挖 1.2 m 宽、1 m 深的拦水沟，直通自然排水沟，以拦山上下泄的洪水。园内排水沟连通两端的自然沟或排水沟，将水排出李园以外，积蓄在蓄水池或山塘，以供旱时喷灌用水和喷药用水。

同时，不论是平地李园还是山地李园都要营造防护林带。防护林的树种，应采用当地适应性强、生长快、寿命长、冠大枝密的树种。

（3）整地改土　园地规划后要进行土地平整，平原地区如有条件应进行全园深翻，并增施有机肥。深翻 40～60 cm 即可，如无条件则挖定植沟或穴，沟宽或穴直径 80～100 cm，深 60～80 cm，距地表 30 cm 以下填入表土＋植物秸秆＋优质腐熟有机肥的混合物，若沙滩地有条件的话，此层可加些黏土，以提高保肥保水能力，距地表10～30 cm处填入腐熟有机肥与表土的混合物，0～10 cm 处只填入表土。填好坑或沟后灌一次透水。

山丘坡地如坡度较大应修筑梯田，缓坡且土层较厚时可修等高撩壕。平原低洼地块最好起垄栽植，行内比行间高 10～20 cm，有利于排水防涝。栽植前对苗木应进行必要的处理。如远途运输的苗木，苗木如有失水现象，应在定植前浸水 12～24 h，并对根系进行消毒，对伤根、劈根及过长根进行修剪。栽前根系蘸 1%磷酸二氢钾溶液，利于发根。

4. 栽植技术

（1）品种选择 种植时宜选择经济性状符合生产要求的鲜食或加工良种，并注意早、中、晚熟品种的合理搭配。交通方便的地区或城郊以鲜食品种为主，交通不便的边远山区以栽培加工品种为主。

中国李的多数品种自花结实率很低，应注意选择和搭配花期一致、授粉亲和力强的授粉品种。简单的做法是选择花期相近的多品种混植，以增加授粉机会，提高产量。由于李树花期较早，花期多在低温阴雨天气，影响昆虫传粉活动，故授粉品种一般应不少于 20%。

（2）种植方法 一般为秋末冬初种植和春植两种，但以秋末冬初种植最好，这时种植断根伤口可当年愈合，争得生长时间，从而提高李苗的成活率。合理种植是提高李的单位面积产量的主要技术措施之一。根据李的生长结果习性，种植时以宽行密株，可用（2.0～2.5）m×4 m 株行距进行种植。

种植前，首先要挖好定植穴，定植穴一般要求深 0.8 m、宽 1 m。挖出的表土和底土要分放两边，在定植穴进行填土时，下层要填入表土，同时掺入有机肥料，以提高定植穴土壤的肥力，种植时，移李苗出圃应尽量少伤根，并要带泥团。种植时将李苗放在定植穴中央，种植深度以根颈上部和地面平齐为标准。种植时还要将根系铺开舒展，然后周围填土，略加压实，但不要用脚踩踏，以免压断幼根。种后充分淋水，并在植株周围培成碟形兜穴，以利于淋水和施肥。树盘周围盖杂草，晴天要常淋水，保持土壤湿润，直至种活。种活后，薄施腐熟的粪尿水，以促新梢萌发，迅速形成树冠。

(3) 栽后管理技术

① 扶苗定干。定植灌水后往往苗木易歪斜，待土壤稍干后应扶直苗木，并在根颈处培土，以稳定苗木。苗木扶正后定干。

② 补水。定植后 3～5 d，扶正苗木后再灌水一次，使根系与土壤紧密接触。

③ 铺膜。可以提高地温，保持土壤湿度，有利于苗木根系的恢复和早期生长。铺膜前对树盘喷氟乐灵除草剂，每 667 m^2 用药液125～150 g为宜，稀释后均匀喷洒于地面，喷后迅速松土 5 cm 左右，可有效地控制杂草生长。松土后铺膜，一般每株树下铺 1 m^2 的膜即可；如密植可整行铺膜。

④ 检查成活及补栽。当苗木新梢长至 20 cm 左右时可对不成活苗木进行补栽，对过弱苗木进行换栽，以保证李园苗齐、苗壮，为早果丰产奠定基础。移栽要带土坨，不伤根。补换苗时一定要栽原品种，避免混杂。

⑤ 及时摘心。如栽植半成苗，当接芽长到 70～80 cm 时，如按开心形整形和按主干疏层形整形的树摘心至 60 cm 处，促发分枝，进行早期整形。如果按纺锤形整形的树则不必摘心。如栽植成苗，当主枝长到 60 cm 左右时，应摘心至 45 cm 处，促发分枝，加速整形过程。到 9 月下旬对未停长新梢摘心，促进枝条成熟。

⑥ 病虫害防治。春季萌芽后首先注意东方金龟子及大灰象甲等食芽（叶）害虫的危害。特别是半成苗，用硬塑料布制成筒状，将接芽套好，但要扎几个小透气孔，以防筒内温度过高伤害新芽。对黑琥珀、澳大利亚 14、香蕉李等易感穿孔病的品种应及时喷布杀菌药剂，可使用 50%代森铵水剂 200 倍液、50%福美双可湿性粉剂 500 倍液、0.3 波美度石硫合剂等，每隔 10～15 d 喷一次，连喷 3～4 次。另外，及时防止蚜虫和红蜘蛛的危害。

⑦ 及时追肥灌水和叶面喷肥。要使李树早期丰产，必须加强幼树的管理，使幼树整齐健壮。当新梢长至 15～20 cm 时，及时追

肥，7 月以前以氮肥为主，每隔 15 d 左右追施一次，共追 3～4 次，每次每株施尿素 50 g 左右即可，对弱株应多追肥 2～3 次，使弱株尽快追上壮旺树，使树势相近。7 月以后适当追施磷、钾肥，以促进枝芽充实，可在 7 月中旬、8 月上旬、9 月上旬追 3 次肥，每次追施磷酸氢二铵 50 g、硫酸钾 30 g 左右。除地下追肥外，还应叶面喷肥，前期以尿素为主，用 0.2%～0.3%尿素溶液，后期则用 0.3%～0.4%磷酸二氢钾溶液，全年喷 5～6 次。追肥时开沟 5～10 cm 施入，可在雨前施用，干旱无雨追肥后应灌水。

⑧ 防治浮尘子（茶小绿叶蝉）。浮尘子产卵的幼树，极易发生越冬抽条。北京平原地区在 10 月上中旬对有浮尘子的李园应喷药两次，消灭浮尘子，用敌敌畏、敌杀死等药均可防治，间隔 7～10 d喷第二次药。

（四）土肥水管理技术

李树在整个生长发育过程中，根系不断从土壤中吸收养分和水分，以满足生长与结果的需要。只有加强土肥水管理，才能为根系的生长、吸收创造良好的环境条件。

1. 土壤管理

土壤是果树生长和结果的基础，是水分和养分供给的源泉。土壤肥厚、土质疏松、通气良好，则土壤中微生物活跃，就能提高土壤肥力，从而有利于根系的生长和对肥水的吸收，对生产高档的优质果品有着重要意义。土壤管理的中心任务是将根系集中分布层改造成适宜根系活动的活土层，这是李树获得高产稳产的基础。

（1）深翻熟化 在土壤不冻季节均可进行，深翻要结合施有机肥进行，通过深翻并同时施入有机肥可使土壤孔隙度增加，增加土壤通透性和蓄水保肥能力，增加土壤微生物的活动，提高土壤肥力，使根系分布层加深。深翻的时期在北京等北方地区以采果后秋翻结合施有机肥效果最好。此时深翻，正值根系第二次或第三次生长高峰，伤口容易愈合，且易发新根，利于越冬和促进翌年的生长发育。深翻的深度一般以 60～80 cm 为宜。方法有扩穴深翻、隔行深翻或隔株深翻、带状深翻以及全园深翻等。如有条件深翻后最好下层施入秸秆杂草等有机质，中部填入表土及有机肥的混合物，心土撒于地表。深翻时要注意少伤粗根，并注意及时回填。

(2) 李园耕作 有清耕法、生草法、覆盖法等。不间作的果园以生草＋覆盖效果最好。行间生草，行内覆草，行间杂草割后覆于树盘下，这样不破坏土壤结构，保持土壤水分，有利于土壤有机质的增加。第一次覆草厚度要在 15～20 cm，每年逐渐加草，保持在这个厚度，连续 3～4 年后，深耕翻一次。北方地区覆草，冬季干燥，必须注意防火，可在草上覆一层土来预防。另外，长期覆盖易招致病虫害及鼠害，应采取相应的防治措施。生草李园要注意控制草的高度，一般大树行间草应控制在 30 cm 以下，小树应控制在 20 cm 以下，草过高影响树体通风透光。

化学除草在李园中要慎用，因李与其他核果类果树一样，对某些除草剂反应敏感，使用不当易出现药害，大面积生产上应用时一定要先做小面积试验。对用药种类、浓度、用药量、时期等摸清后，再用于生产。

(3) 间作 定植 1～3 年的李园，行间可间作花生、豆类、薯类等矮秆作物，以短养长，增加前期经济效益，但要注意与幼树应有 1 m 左右的距离，以免影响幼树生长。另外，北方干寒地区不应种白菜、萝卜等秋菜。秋菜灌水多易引起幼树秋梢徒长，使树体不充实，而且易招致浮尘子产卵危害，而引起幼树越冬抽条。

① 间作物种类。应选择适宜的间作物，适宜的间作物应具有生长期短、植株矮小、根系分布浅、吸肥水较少且吸肥水期与李树需肥水期错开、与李树没有共同的病虫害等特点。应首选具有提高土壤肥力、改良土壤结构作用大的作物，如豆类、西瓜、蔬菜、草莓及药用植物（丹参、党参、沙参、白芍、天南星等）和禾谷类作物等。

② 间作方式。一般株间留出清耕带，行间种植间作物。清耕

带宽度依树龄、树冠大小而定，一般三年生以前的幼树园留1.5 m，三年生以后留2 m为宜，以后逐年加宽。

间作物选择应因地制宜，土壤瘠薄的远山果园，可间作耐瘠薄的谷子、豆类、中药材和绿肥；近山果园，可选谷子、绿肥、薯类；河滩果园可间作西瓜、花生、豆类、薯类等；肥水条件好的果园也可适当间作蔬菜、草莓等。

（4）果园覆盖 是指在李树树冠下、株间、行间或全园覆盖有机物（草、秸秆、糠壳、杂草和落叶等）、沙或塑料薄膜等。覆盖要因地制宜，北方平原的小麦、玉米产区，可利用麦秸和玉米秸作为覆盖物；山区、丘陵可用草或绿肥，割下后就地覆盖；甘肃干旱地区及黄土高原一带，可在李树下地表面铺一层厚10 cm左右的河沙或粗沙与沙砾的混合物，果农称之为“沙田”，保墒效果显著。

果园覆盖能够减少土壤水分散失，增加土壤有机质，促进团粒结构形成，增强透水性、通气性，促进果树根系的生长，减少地温的日变化和季节变化，促进土壤动物和微生物的活动，还能抑制杂草的生长，减少果园用工。从而起到保墒、调节地温、增强培肥能力、提高抗旱性的作用。因此，果园覆盖是土壤管理的有效措施，也是提高产量、改善品质、降低成本、增加收入的成功措施。

果园覆盖可在春、夏、秋季进行，但以5～6月为好。覆盖前宜适当补施氮肥，有利于土壤微生物活动，促进腐烂，最好在雨后或灌后覆盖。覆盖用草应尽量细碎，厚度15～20 cm，将草均匀撒布于地面为宜，其上零散地压上散土，以防风吹或火灾。覆盖后应加强对潜叶蛾类害虫的防治。全园覆草应留出作业道，以便灌水及进行其他管理。覆盖有机物的果园可以在秋后结合施肥进行翻压。翌年再覆。实行覆膜和覆沙虽然不能增加土壤有机质含量。但其保墒作用明显。

果园覆膜随地形和树龄而定，新栽幼树一般覆1 m^2。山地果园树盘修成外缘稍高的形状，以充分利用自然降水，使水分汇集到树干下渗。平地果园则整行覆膜。根据树冠大小决定覆盖一幅或两幅薄膜。可采用上半年覆膜，下半年撤掉地膜改用树下覆草，这样既能达到早春增温保湿，又能增加土壤有机质和防止夏季地温上升过高对根系的损害，减缓秋季土温下降速度。这项措施特别是对早春干旱、低温和土壤肥力低的果园极其有效。

各地试验表明，树盘覆草是行之有效的增产措施。每年早春结合修整树盘向树盘内浇水 50～100 kg，然后覆盖杂草、麦秸及其他轧碎的高秆作物等 15～20 cm 厚，覆草后用土压住。覆草后经过 3～4年的风吹、雨淋、日晒，大部分草分解腐烂后可一次结合深翻入土，深翻后继续进行第二次覆草，如此反复。

(5) 果园生草 果园生草是先进国家普遍采用的现代化、标准化的果园土壤管理技术。实践证明，在多种土壤管理方法中，生草法是最好的一种。果园生草主要有以下优点：第一，可以起到防风固沙、保持水土的作用。果园草层的存在，可减少坡地水土流失。第二，果园生草可大大提高土壤有机质含量。第三，果园生草可提高土壤有效养分含量，草根吸收铁、钙、锌、硼的能力强于果树根系，并把它们转化为果树可吸收态，有效磷、钾可提高 10%～35%。第四，改善果树生态环境。草层使土壤中水、肥、气、热、微生物 5 大因素处于适宜、稳定的状态。草根有助于形成土壤团粒结构，减少表土层温度变幅，有利于果树根系发育和活动。土壤表面蒸发减少，土壤含水量提高 1.32%～3.51%。草层害虫天敌种群数量增加，可减少用药次数和用药量。第五，节省锄草用工。高草用人工或机械刈割，而不用锄草，可节省生产费用 13%。第六，便于行间作业。雨过树叶干后，马上可进地作业（特别是打药），不误农时。第七，实现果园的良性循环。生草刈割后，饲养家禽，其粪便进入沼气池发酵，沼渣用于果园施肥，以园养园，实现良性循环。

果园生草的主要缺点是：与果树争肥水，易遭鼠害威胁，早落叶病加重，金纹细蛾发生趋重，妨碍施基肥操作，需肥、水较多，且连年生草甚至导致果树根系上浮。因此，生草 5～7 年后需翻耕休闲 1～2 年，然后再重新生草。

果园生草一般选用草种低矮、生长快、产草量较高、耐阴、耐践踏、地面覆盖率高、与果树争肥争水势力小、没有共同的病虫害、繁殖简便、管理省工、适合于机械作业的一年生或多年生牧草。草种有禾本科草（鸭茅、黑麦草等）和豆科（三叶草、百脉根、紫花苜蓿、小冠花等）两类，可单播也可混播。国外采用生草的果园，大多选择豆科的白三叶与禾本科的早熟禾混种的方式。生草方式有全园、株间、行间生草3种。土层厚、肥大的果园，可用全园生草的方式；土层浅薄的果园，多用行间或株间生草方式。生草地除了刈割草作业以外，不需要其他的耕作，也可以自然生草。当草高达30 cm以上时，开始刈割，留草高度8～10 cm，全年刈割4～6次。割下的草可沤肥，可撒于原处或树盘，也可用于喂养禽畜。在生草的前几年，为防止生草与果树争肥，早春比清耕园多施50%的氮肥。采用地面施入或树体喷施（生长期喷3～4次，含量为0.3%）。生草5～7年后，草逐渐老化，地表变硬，通透性差，应于春季及时浅度翻压，休闲1～2年后再进行播种。

20世纪70年代辽宁省果树研究所在平地棕黄土苹果园连续3年种植二年生白花草木樨绿肥，使土壤有机质含量增加0.27%，全磷增加0.05%，土壤容重减少0.12 g/cm^2，土壤孔隙度增加4.45%，土壤含水量增加1.91%。

2. 合理施肥

（1）基肥　一般以早秋施为好。在9月中旬为宜，结合深翻进行。将磷肥与有机肥一并施入，并加入少量氮肥，对促进李树当年根系的吸收，增加叶片同化能力有积极影响。施肥量依据树体大小、土壤肥力状况及结果多少而定。树体较大、土壤肥力差、结果多的树应适当多施；树体小、土壤肥力高、结果较少的树适当少施。原则是每产1 kg果施入1～2 kg有机肥。方法可采用环状沟施、行间或株间沟施、放射状沟施等。

（2）追肥　一般进行3～5次，前期以氮肥为主，后期氮、磷、钾配合。花前或花后追施氮肥，幼树施100～200 g尿素，成年树施500～1 000 g。弱树、果多树适当多施，旺树可不施；花芽分化前追肥，5 月下旬以施氮、磷、钾复合肥为好；硬核期和果实膨大期追肥，氮、磷、钾肥搭配施用利于果实发育，也利于上色、增糖；采后追肥，结合深翻施基肥进行，氮、磷、钾配合为好，如基肥用鸡粪时可补些氮肥。追肥一般采用环沟施、放射状沟施等方法，也可用点施法，即每株树冠下挖长和宽为 6～10 cm、深 5～10 cm 坑即可，将应施的肥均匀地分配到各坑中覆土埋严。

(3) 叶面喷肥 7 月前以尿素为主，浓度为 0.2%～0.3%的水溶液，8～9 月以磷、钾肥为主，可使用磷酸二氢钾、氯化钾等，同样用浓度为 0.2%～0.3%的水溶液。对缺锌、缺铁地区还应加 0.2%～0.3%硫酸锌和硫酸亚铁。叶面喷肥，一个生长季喷 5～8 次，也可结合喷药进行。花期喷 0.2%硼酸和 0.1%尿素，有利于提高坐果率。

(4) 生产无公害果品施肥原则 生产无公害产品所施的肥料必须符合以下要求：肥料质量必须符合国家标准或行业标准的有关规定；肥料中不得含有对果实品质和土壤环境有害的成分或有害成分严格控制在标准规定的范围之内；商品肥料必须获得农业农村部或省级农业部门的登记证书（免于登记的产品除外）；农家自积自用的肥料必须经高温腐热发酵，以灭杀各种寄生虫卵和病原菌、杂草种子，使之达到无害化卫生标准。

无公害李树生产允许使用的肥料为未被污染的农家肥料及商品肥料（硝态氮肥及氯化钾除外）。农家肥料是指就地取材、就地使用的各种肥料，它由含有大量生物物质的动植物残体、排泄物、生物废物等积制而成，包括堆肥、厩肥、沤肥、沼气肥、绿肥、作物秸秆肥、饼肥等。商品肥料是指按国家法规规定，受国家肥料部门管理，以商品形式出售的肥料，包括腐殖酸类肥、微生物肥、有机复合肥、无机（矿质）肥、叶面肥等。无公害果品生产，允许使用限定的化学肥料，如尿素、磷酸二氢钾、硫酸钾、过磷酸钙、果树专用肥等化肥必须与农家肥料配合使用，也可与商品有机肥、微生物肥、腐殖酸类肥等配合使用，但最后一次施用无机化肥必须在采果 20 d 之前。

无公害李树生产禁止使用的肥料主要有：不符合相应标准的肥料，未办理登记手续的肥料（免于登记的产品除外），未经无害化的有机肥料，含有激素、重金属超标的对果树品质和土壤环境有害的肥料，如城市垃圾和污泥、医院的粪便垃圾和含有害物质的工业垃圾等。限量使用的肥料主要是含氯化肥及硝态氮化肥。

① 有机肥料。有机肥料是指主要来源于植物或动物，以提供植物养分和改育土壤为主要功效的含碳物料。有机肥料含有丰富的有机质和植物所必需的各种营养元素，还含有促进植物生长的有机酸、维生素和生物活性物质以及多种有益微生物，是养分最齐全的天然肥料。因其一般不含人工合成的化学物质，直接来源于自然界的动植物，被认为是生产有机食品的唯一肥料、生产无公害农产品的首选优质肥料。根据有机肥料的资源特性、性质功能和积制方法，将有机肥料分为粪尿肥、堆沤肥、秸秆肥、绿肥、土杂肥、饼肥、海肥、腐殖酸类肥料和沼气肥等十大类。

② 腐殖酸类肥料。是一种含有腐殖酸类物质的新型肥料，也是一种多功能的有机无机复合肥。这类肥料是以富含腐殖酸物质的泥炭等为主要原材料掺和其他有机无机肥料制成的，品种繁多。目前常见的有腐殖酸铵、硝基腐殖酸、腐殖酸钠、黄腐酸、腐殖酸复混肥等。

泥炭（草炭）、褐煤、风化煤是重要的腐肥，同时又是各类腐殖酸类肥料的原料资源。它们主要含有机质、腐殖酸及氮、磷，泥炭一般含有机物质40%～70%、腐殖酸20%～40%，碳氮比10～20，pH 4.5～6.5，全氮含量1.2%～2.3%，全磷含量0.17%～0.49%，全钾含量0.23%～0.27%；褐煤干物质中的粗有机物质含量12%～23%，全氮含量0.30%～0.44%，全磷含量0.03%～0.05%，全钾含量0.31%～0.72%；而风化煤干物质中的粗有机物质含量17%～40%，全氮含量0.24%～0.50%，全磷含量0.04%～0.08%，全钾含量0.51%～0.82%。泥炭、褐煤、风化煤采集后晒干粉碎即可使用，能改良土壤和提高肥力，特别适合于黏性和沙性土壤，可作为泥炭营养土使用，也作为菌肥载体和腐殖酸类肥料的原料。高位泥炭（贫营养型泥炭）酸性很强，宜加入石灰或草木灰等中和后沤制成堆肥或厩肥后施用。

腐殖酸类肥料物料投入比不同，制造方法不同，养分含量差异很大，因此在施用时需适当掌握用量。浓度低，达不到预期效果；浓度高，有抑制作用。最好在试验的基础上施用。腐殖酸肥料不能替代化肥和农家肥，必须配合使用，尤其与磷肥配合施用效果更好。腐殖酸钾、腐殖酸钠为激素类肥料，一般在 18 ℃以下使用，使用时需要将 pH 调节降到 7～8。钙、镁等含量高的原料煤不宜作腐殖酸磷肥，以防被固定。腐殖酸铵只有在土壤水分好的情况下才能发挥肥效。腐殖酸系列有机复合肥，各品种间的养分功能、改土功能和刺激功能的差异很大，不能互相替代，要根据目的选择使用。

③ 微生物肥料。是指含有活微生物的特定制品，应用于农业生产中，能够获得特定的肥料效应。可将微生物肥料分为两类：一类是通过其中所含微生物的生命活动，增加了植物营养元素的供应量，导致农作物营养状况的改善，进而增加产量；另一类是广义的微生物肥料，其制品虽然也是通过其中所含的微生物生命活动作用使作物增产，但它不仅仅限于提高植物营养元素的供应水平，还包括了它们所产生的次生代谢物质，如激素类物质对植物的刺激作用，促进植物对营养元素的吸收利用，或者能够拮抗某些病原微生物的致病作用，减轻病虫害而使作物产量增加。

微生物肥料是将某些有益微生物经大量人工培养制成的生物肥料，又称为菌肥、菌剂、接种剂。其原理是利用微生物的生命活动来增加土壤中的氮素或有效磷、有效钾的含量，或将土壤中一些作物不能直接利用的物质转化成可被吸收利用的营养物质，或提高作物生产的物质，或抑制植物病原菌的活动，从而提高土壤肥力，改善作物的营养条件，提高作物产量。

（5）李树施肥量的确定

① 根据经验确定施肥量。参考当地果园的传统习惯施肥量，依据品种、树龄、树体长势、产量等确定施肥量。该法需要有丰富的实践经验。日本山梨县果树试验场曾经调查了全县有经验的果

农，不同土性、品种的李园施肥量见表1-4。

表1-4 不同土壤、品种的李园施肥量

类别	施肥量（kg/hm²）		
	N	P_2O_5	K_2O
沙壤土	267	233	188
壤土	180	210	207
黏土	199	205	185
早熟品种	244	232	164
中熟品种	191	205	208
晚熟品种	261	180	210

② 通过化学分析确定施肥量。在需肥诊断基础上，依据土壤或叶片测试结果指导施肥。

施肥量=(李树吸收肥料元素量－土壤养分供应量)/肥料利用率

通常肥料利用率，氮肥按50%计算，磷肥按30%计算，钾肥按40%计算。氮的天然供应量，约为氮的吸收量的1/3，磷为吸收量的1/2，钾为吸收量的1/2。据调查，盛果期李树（大石早生李）株产100 kg需吸收氮1 kg。

计算每667 m² 生产1 000 kg李所需的氮施用量如下：

李树吸收肥料元素量= 1 000÷100×1= 10（kg）

氮的土壤供应量=10×1/3=3.3（kg）

施肥量=(10－3.3)/50% =13.4（kg）

③ 李树合理施肥量。

不同树龄施肥量：秋季施肥，可根据树龄大小而定，幼树每株施厩肥25～30 kg、三元复合肥0.25～0.5 kg；结果树每株施厩肥50 kg，三元复合肥0.5～1.5 kg；盛果树每株施粪尿或有机肥50～100 kg、尿素1.2～1.5 kg、磷肥2～3 kg、钾肥1～1.5 kg。

不同产量的施肥量：若每667 m² 产果600～1 000 kg，要施入人粪尿2 000～2 500 kg、尿素25～30 kg、钾肥20～30 kg、磷肥40～

60 kg。若株产 50 kg，需每株施有机肥 10 kg、硫酸铵 2～4.5 kg、过磷酸钙 0.25～0.5 kg。

3. 合理排灌

在我国北方地区，降水多集中在 7～8 月，而春、秋和冬季均较干旱，在干旱季节必须有灌水条件，才能保证李树的正常生长和结果，要达到高产优质，适时适量灌水是不可缺少的措施，但 7～8 月雨水集中，往往又造成涝害，此时还必须注意排水。

(1) 灌溉 从经验上看可通过看天、看地、看李树本身来决定是否需要灌溉。根据李树的生长特性，结合物候期，一般应考虑以下几次灌溉。

花前灌水：有利于李树开花、坐果和新梢生长，一般在 3 月下旬至 4 月上旬进行。

新梢旺长和幼果膨大期灌水：此时正是北京比较干旱的时期，也是李树需水临界期，此时必须注意灌水，以防影响新梢生长和果实发育。

果实硬核期和果实迅速膨大期灌水：此时也正值花芽分化期，结合追肥灌水，可提高果品产量，提高品质，并促进花芽分化。

采后灌水：采果后是李树树体积累养分阶段，此时结合施肥及时灌水，有利于根系的吸收和光合作用，促进树体营养物质的积累，提高抗冻性和抗抽条能力，利于翌春的萌芽、开花和坐果。

冬前灌水：北京在 11 月上中旬灌溉一次，可增加土壤湿度，有利于树体越冬。

(2) 灌溉方法

喷灌：通过灌溉设施，把灌溉水喷到空中，成为细小水滴再洒到地面上。此法优点较多，可减少径流和渗漏，节约用水，减少对土壤结构的破坏，改善李园小气候，省工省力。但喷灌只能用于露天栽培阶段。

滴灌：这种方法是机械化和自动化相结合的先进灌溉技术，将水滴或细小水流缓慢地滴于李树根系。这种灌溉方法可节约用水，并可与施化肥、除草剂结合。棚内滴灌应在地膜下进行，防止空气湿度升高。

沟灌：李园行间开沟（深 20～25 cm）灌溉，沟向与水道垂直。灌水完毕，将土填平。此法用水经济，全园土壤灌溉均匀。

穴灌：在树冠投影的外缘挖直径 30 cm 的灌水穴 2～4 个，可结合穴贮肥水进行。深度以不伤粗根为准，灌满水后待水渗下再将土填平。此法用水经济，浸湿根系范围宽而均匀，不会引起土壤板结。

漫灌：在水源丰富、地势平坦的地区，实行全园灌水。这种方法费水、费时、费工，对土壤有一定的破坏作用，不提倡使用。

（五）整形修剪技术

果树产量高低与施肥、防治病虫害有关，但能否多年稳产则就要靠修剪技术的配合。在气候条件和生产管理正常的情况下，从理论上说李树产量是相对稳产的树种，由于长、中、短结果枝在当年结果的同时还能长出翌年结果的短果枝，最高可保持 5 年结果寿命，之后才衰老干枯。因此，生产上即使每间隔一年进行更新修剪，李树的稳产是不成问题的。此外，通过修剪能改善枝梢生长空间，恶化病虫害生存环境，减少药剂施用量，降低用药成本。

整形修剪是果树栽培中一项较复杂的重要技术措施，针对各个树种的生长结果习性、栽培管理水平的不同，其相应的整形修剪技术也会有所不同。若修剪方法不当，会造成树冠郁闭、结果部位外移，影响果实品质和树体经济寿命，并且还极易表现出周期性结果（即大小年现象）。只有通过合理整形修剪，才能调节好生长与结果的平衡关系，使幼树迅速扩展树冠，增加枝量，提前结果，早期丰产，盛果期树实现连年高产、稳产，并且尽可能延长盛果期年限。在生产实践中应重视整形修剪的作用，但必须在良好的土肥水等综合管理的基础上，才能充分发挥整形修剪的作用。

1. 整形的依据

(1) 依据李树生长和结果习性 李树树势较旺，干性弱，自然开张，萌芽力高，分枝性强，易成花。当年新梢既能分枝又易形成花芽。进入结果期则以大量的花束状果枝为主。新植幼树，若栽培条件和管理好，三至四年生就可结果，七至八年生进入盛果期，盛果期20～30年，高者达40～50年。因此，整形修剪要根据李树特点，进行适度短截、疏枝，调节生长与结果的矛盾。

(2) 依据土地肥瘠、地势等具体条件，培养和改造树形 土质较肥沃，地势较平坦的宜培养分层形；土地瘠薄、山坡地可培养或改造为开心形或杯状形，以充分利用土地和空间。

(3) 依据喜光性强的特点 进行疏除过密枝，少打头，使之充分利用光能。

(4) 依据管理条件 根据综合管理水平，特别是肥水条件的好坏确定修剪方案，才能发挥合理修剪的作用。如肥水条件及其他各方面管理跟上，树体营养条件高，就可轻剪甩放多留枝，达到早果、早丰之目的。但如果管理跟不上，采用轻剪甩放多留枝，就会造成树体早衰，果个变小。

2. 修剪原则

因树修剪，按树势强弱、树形基础、主侧枝数量，有计划、有步骤地进行培养、改造成不同类型树形。随枝做形，按树龄和姿态选留方向正、生长势强、角度好的，培养主枝、侧枝和枝组。打开层间，原有结果李树大部分因枝量过多过密、层间距离小，不易通风透光。因此，对过密枝、交叉枝、重叠枝、下垂枝可适当疏剪；剪去过弱枝，以利打开空间、解决通风和光照问题。适当轻剪，李树萌芽力强，分枝量多，修剪不宜过重，避免刺激萌发大量分枝，影响产量。

① 修剪必须以疏散和短截相结合。疏散修剪是从枝梢的基部剪除，起到节省养分、扩大树冠、改善光照条件、促进内膛结果的

作用。短截又称回缩，是剪除枝梢的一段，起到调节开花结果的数量、促进发枝、增强局部枝条势力的作用。在使用中，需要疏剪和短截结合，根据不同具体情况两种方法各有偏重，如多产树适宜作更新母枝的基枝极少，必须人为地设置更新母枝。为了使长梢和着果两者之间取得平衡，更新母枝数应为结果母枝数的1/5，因为一个更新枝可以长出3～4个结果枝，而另外4个母枝也会因为当年没有挂果而再发结果枝，两者合计可得5个以上的结果枝。如此，年度间一株树的结果枝数量大体相等。

② 修剪必须与拉枝、环割、环剥和倒贴皮等树冠管理手段相结合。无论是短截或疏散修剪，除了积极的有利作用外，都具有消极不利的影响。例如，剪去枝叶必然损失一部分同化作用产物。李具有旺长的习性，往往一株树上发出许多旺长枝条，这些枝条常不结果或很少结果。如果用修剪工具把它们剪去，势必造成营养成分的损失。如果通过拉枝把原来直立或者斜生枝条拉到水平以后，使顶端优势削弱，甚至完全失去顶端优势，使顶部的芽只抽短梢或完全不抽梢，减少开花的营养损耗，明显地提高坐果率。在幼树上直立枝的坐果率为2%～5%，经过拉枝可提高到15%～20%，成为李提早结果的一项重要措施。

③ 修剪应与肥培管理相结合。在李修剪上的一个特殊目的是调节营养生长与开花结果的矛盾，使营养生长转化为花芽形成和开花结果，达到早期结果和丰产稳产。在某种条件下，可以通过根系的控制达到同样的目的。在李产地常见用断根和浅土栽培来抑制生长，使李的长势不致过旺，提早开花和结果。断根即通过对生长过旺的树切断根系的办法，削弱对水分和无机营养的吸收能力，使地上部分枝条生长短缩，积累同化养料形成花芽，并提高开花以后的坐果率。方法是，以树干为中心，根据树的年龄和生长情况划一定大小的周围。一般十多年生的树，其圆周的半径约1.4 m，沿这圆周掘一条35 cm左右深的深沟，切断深沟中的李根。有些李产区由于缺少土层深厚的土地而利用土层浅薄的土地（土层深40～50 cm）种植李，使幼龄树的根系生长受到抑制，枝条抽生短缩，

花芽形成容易，开花以后的坐果率由2%～5%提高到15%～20%，这样反而使幼树的结果期明显提早。但经过几年结果以后，土壤经冲刷，肥力减退，根系无发展余地，要及时加客土和施有机肥料，经多年加客土以后，在后期果园地表比原来高35 cm左右，经济结果的寿命也可以达到70～80年，但是如果不增加客土，树势会早衰。

3. 修剪的作用

修剪是李树栽培技术中的重要环节。修剪的作用是使树体单位体积内叶子数量增加，叶形变大，有利于光合作用和碳水化合物的积累；通过修剪使自然状态生长成的扁圆形或半圆形的树冠适度向空中耸立，使整个树冠凹凸不平，增加光照和结果部位，增加产量；修剪使各部位的结果数量均匀，使果实大小和品质整齐一致；修剪还可以调节生长和结果的平衡，缩小大小年的幅度；修剪可以更新整个结果枝群或整个树冠，延长结果寿命。在李树上实施修剪还有其特殊作用，因为李树生长旺盛，往往使营养物质大量用于生长而结果延迟，通过修剪使生长向开花结果方向转化，提早结果，提早发挥经济效益。在重视肥培管理基础上，善于合理运用修剪技术，必然获得理想的结果。

4. 修剪的方法

(1) 短截 剪去一年生枝条的一部分。短截能刺激剪口以下各芽的萌发与生长，刺激强度以剪口下第一芽最强，往下依次减弱。由于李的花芽为纯花芽，只开花结果，不能再抽生枝叶，且枝梢的同一节位，凡着生花芽的节无叶芽，故开花后其节上不会再抽生枝。因此，短截时应注意剪口芽是叶芽还是花芽，尤其是对主枝、副主枝等骨干枝的延长枝短截时，剪口芽应是叶芽，否则影响骨干枝的延伸。依剪去枝条长短又分为轻短截、中短截、重短截。轻短截只剪取枝条顶部，又称打顶，由于原枝留芽较多，能萌发中短枝，可缓和树势，促进花芽形成；于枝条中上部饱满芽处剪截称为中短截，短截能抽生中长枝；在枝条中下部短截的为重短截，能促进隐芽萌发抽生长枝。

（2）疏枝 又称疏删或疏剪。即将一年生枝或多年生枝从基部剪除。疏枝对全枝起缓和生长势、增强叶片同化效能、促进花芽分化的作用，使营养集中，提高着果率与产量，还能使树冠内通风透光，利于内膛枝的生长和发育。李幼树修剪以疏枝为主，少短截。

（3）回缩 对二年生以上的多年生枝进行短截称为回缩。能刺激缩剪处后部枝条生长及隐芽的萌发，在李衰老树中应用较多，具更新复壮的作用。

（4）长放 也称缓放。即对健壮的营养枝任其自然生长不加任何修剪，使先端早日形成花芽。李幼年树修剪时枝梢宜长放为主。

（5）抹芽和疏梢 去除萌发的嫩芽称为抹芽或除萌。新梢开始迅速生长或停止生长时疏去过密的新梢称为疏梢。抹芽和疏梢有节约养分、改善光照、提高留枝质量、减少生理落果及促进果实生长的作用。李自春季萌芽至秋季生长停止以前，尤其是幼年结果树，应及时除去主干基部、主枝与副主枝背上隐芽萌发的徒长枝，以免树体内部枝条混乱，减少养分消耗。

（6）摘心 在李生长期摘除枝条顶端的幼嫩部分称为摘心。摘心有抑制新梢生长，有利于营养积累，促进花芽分化和提高着果率的作用。开花时摘除结果先端抽发的春梢，提高着果率显著。对衰老树主枝、副主枝等基部隐芽萌发的徒长枝进行摘心，可促进分枝，形成结果枝组。但是人工摘心用工多，在树冠高大的树上难以实行，故大面积应用较困难。目前，通过树冠喷布生长抑制剂，抑制新梢生长过旺，以达到人工摘心效果。如花前 7～10 d 树冠叶布 50 mg/L 的多效唑，着果率显著提高。

（7）环剥 在生长强旺的营养枝基部，环状剥去皮层一圈，其宽度一般为枝条直径的 1/10 左右。其作用在于短期截流营养物质于环剥口上方，有利于花芽形成，对花枝环剥，可提高着果率，加快幼果肥大速度。但多次环剥对根系生长不利，易导致树势衰弱。

幼年李树、旺树可进行环剥，但环剥枝条宜选粗度 1 cm 以上的结果枝组，骨干枝上不能进行环剥。环剥时期依环剥目的而异。

(8) 拉枝 将直立或开张角度小的枝条，用绳拉成水平或下垂状态称为拉枝。拉枝可缓和枝条生长势，促进花芽形成。李幼年旺树多拉枝，则生长势缓和，提早结果，提前进入盛果期，达到早期丰产。

5. 常用树形与整形修剪技术

(1) 小冠疏层形及整形修剪技术 小冠疏层形是从疏散分层形演化而来，是中度密植树形之一，一般株距 3～3.5 m，行距 4～5 m，每 667 m^2 栽 38～56 株。该树形优点是树冠紧凑、结构合理、骨架牢固、结果稳定、树冠内部光照条件好、优质高产、整形容易。生产中注意控制树势上强下弱现象，对于长势较旺的品种应注意加强树冠控制，防止果园郁闭、结果部位外移、产量品质下降。

① 树体结构。树高 2.5～3 m，冠径 3～3.5 m，树冠呈半圆形。干高 50～70 cm，主枝 6～8 个，分 2～3 层。第一层有主枝 3 个，开角为 70°～80°，层内距为 20～30 cm，每个主枝上有侧枝 1～2个，在主枝两侧交错排列，侧枝开角大于主枝；第二层有主枝 2 个，开张角度为 70°左右，层内距为 20 cm，方向位于第一层主枝的空档；第三层有主枝 1 个。2 层以上主枝不配备侧枝，直接着生大、中、小型结果枝组。第一层与第二层之间的距离为 80～100 cm，第二层与第三层的距离为 60～80 cm。每层主枝均匀分布在中心干四周，上下层主枝间不重叠。上层主枝枝展不大于下层主枝枝展的 1/2。完成整形需 4～5 年。

② 整形修剪技术。

第一年整形修剪：栽植后，即对苗干留 70～90 cm 进行定干。萌芽后剪口下第一枝作中心干，其下选留 3 个中长枝作为第一层主枝培养。秋季，对角度小、长势旺、长度达到要求的枝条进行拉枝，辅养枝可拉平或者下垂。冬季根据长势和角度选出中心干延长枝和第一层主枝。中心干延长枝留 60～70 cm 短截，主枝留 50～

60 cm短截。其余的分枝作为辅养枝，缓放不剪。

第二年整形：萌芽后在中心干延长头下面选留2个大而插空生长的辅养枝，作为第一层和第二层主枝间的过渡层。6～7月对其开张基角，秋季拉平，控制生长。以后通过采取拉枝、缓放等促花措施，培养成大结果枝组。并在第一层各主枝上培养侧枝。冬季修剪时中心干延长头剪留50～60 cm，第一层的主枝延长头剪留50～60 cm，侧枝剪留30 cm左右，辅养枝缓放或轻剪。

第三年整形修剪：方法与第二年基本相同。萌芽后在中心干上距第一层主枝80～100 cm处，选出2个长枝培养成第二层主枝，秋季拉枝。冬季修剪时中心干延长头剪留60～70 cm，第二层主枝延长头剪留40～50 cm，中心干上的其他枝条可缓收或拉平后作为结果枝组利用。在每个主枝第一侧枝的对侧，选留第二侧枝，并对侧枝进行轻短截。

第四至五年整形修剪：整形修剪基本同前一年。中心干延长头缓放成花结果后逐步进行落头，树体结构基本形成，整形任务完成。冬季修剪，主要是调整骨干枝的角度和方向，平衡主枝间及上下层间的树势；对外围延长枝实行缩放结合，控制伸展范围；特别是对株间生长的大枝，要有缩有放，避免交叉重叠，适当回缩裙枝，控制辅养枝发展空间，不能影响主枝生长。疏除密挤枝和背上大枝，改善树体的风光条件。

（2）多主枝自然杯状形及整形修剪技术

① 树体结构。干高30～50 cm，主干上有3～5个单轴延伸的主枝。主枝上不着生侧枝，直接着生大、中、小型的结果枝组。主枝开张角度为25°～35°，树高2.5～3 m。该树形结构简单，成形快，透风透光，结构紧凑，果实品质好，稳产性强。

② 整形修剪技术。苗木栽植后于50～60 cm处定干。萌芽后选留3～5个均匀分布、生长健壮、角度适宜的新梢作为主枝。其余的枝条可以进行缓放或摘心，以保证选留的主枝茁壮生长。冬季修剪时各主枝剪留60 cm左右，剪口芽选用侧芽或外芽，疏除竞争枝、背上直立枝、徒长枝等，其余的枝条轻剪或缓放。

第二年，对萌芽后在剪口下长出的新梢选出方向合适的健壮枝条，作为主枝延长枝培养，其余的枝条可通过前期摘心培养结果枝组。在整个生长季节中，进行2～3次夏季修剪，使枝条长势均匀。及时疏除竞争枝，保留或轻剪生长中等的斜生枝，促其提早形成花芽。冬季修剪时对各主枝延长枝仍然剪留60 cm左右；一般枝条都应轻剪。

第三至四年整形修剪。按前一年的方法继续培养主枝延长枝，并在各主枝上均匀培养果枝组。避免相互交错重叠。继续将侧枝培养成结果枝组，完成树形培养。

(3) 纺锤形及整形修剪技术 该树形是目前采用较多的适宜密植栽培的丰产树形之一，其特点是树冠紧凑、结构简单、骨干枝级次少、通风透光、成形容易、修剪量轻、早果丰产、果实质量好、管理更新方便等。适宜株行距（2～3）m×（3～4）m，每667 m^2栽植55～111株。

① 树体结构。树高3 m，冠径2～2.5 m，树冠上小下大，呈纺锤状。中心干直立健壮，干高60～80 cm，主枝10～15个，开张角度70°～90°，从主干往上螺旋式排列，间隔20～30 cm，插空错落着生，均匀伸向四面八方，无明显层次，同方向主枝间距要求大于60 cm。主枝上不留侧枝，在其上直接着生结果枝组，单轴延伸。下部主枝长1～2 m，往上依次递减，主枝粗度小于中心干粗度的1/2，中小结果枝组的粗度不超过大型枝组粗度的1/3。

② 整形修剪技术。定植后于80～100 cm处定干。萌芽后保持中心干直立生长，并进行抹芽、拿枝、摘心等夏季管理，控制长势，秋季进行拉枝。冬季修剪时中心干延长枝剪留50～60 cm，在中心干60 cm以上选4个方位较好、角度适当、生长中庸的枝作为主枝。主枝延长枝不短截，疏除竞争枝、过粗的旺枝、直立枝，保持枝干比小于1/2，其余枝进行缓放。

第二年整形修剪，按第一年的方法继续培养主枝，控制竞争枝长势，对前一年拉平的主枝背上枝，距离中心干20 cm内全部除去，20 cm以外的每隔25 cm扭一个梢，其余疏除。中心干上长出的新梢长 25～30 cm 时用牙签进行开角，疏除过密枝。秋季将长度大于 80 cm 的枝一律拉平。冬季修剪时中心干延长枝留 60 cm 剪截，按照第一年的方法继续选留主枝，主枝延长枝不短截，疏除主枝上过长的分枝，保持单轴延伸。

第三年及以后，继续在中心干上培养主枝，当主枝已经选够时，就可以落头开心。以后每年在中心干弱枝处修剪，保持高度 2.5～3 m，回缩过长、过大的主枝及枝组，疏除竞争枝及内膛的徒长枝、密生枝、重叠枝，拉平直立强旺枝，更新下垂衰弱枝，维持树势稳定，保证通风透光，并注意更新复壮，为提高李果实品质打下基础。

（4）开心形及整形修剪技术

① 树体结构。干高 30～50 cm。主干上有 3 个主枝，层内距 10～15 cm，以 120°平面夹角均匀分布，开张角度为 45°左右，每个主枝上留 1～2 个侧枝，无中心干。

② 整形修剪技术。定植后，于主干 60～80 cm 处定干。从剪口下长出的新梢中，选留 3～4 个生长健壮、方向适宜的新梢作为主枝，其余生长旺的枝条应拉平或疏去。生长中等的枝条应进行摘心，以增加枝叶量，保证选留的主枝正常生长。

冬剪时，在整形带内选留 3 个主枝，使其相邻主枝的平面夹角相等，主枝基角保持在 50°～60°。选定主枝后，各主枝要在饱满芽处短截，一般剪留 50～60 cm，剪口处留外芽，以开张角度。除选留的主枝外，对竞争枝一律予以疏剪。其余的枝条，依空间的大小进行适当的轻剪或不剪。

第二年春季萌芽后在剪口下芽长出的新梢中，选出角度大、方向适宜的健壮枝条，作为主枝延长枝来培养，对其余的枝条进行适当的控制，以保证主枝延长枝的生长优势。在整个生长季节中，宜进行 2～3 次修剪，使其枝条长势均匀。对竞争枝，要及时疏除；对其余的枝，应尽量保留或轻剪，使其提早形成花芽，保证前期产量。第二年冬剪时，对主枝延长枝还是剪留 50～60 cm，剪口留外芽。同时，为主枝选留侧枝，第一侧枝距主干 50～60 cm，剪留长度 30～50 cm。在主枝上培养结果枝组。其余的枝条按其空间的大小决定去留。

第三至四年，继续培养主枝延长枝，并在各主枝的外侧选留培养第二侧枝。主枝上的侧枝要分两侧着生，使其前后距离保持在 40～50 cm。各主枝上的侧枝要分布均匀，避免相互交错重叠。侧枝的角度要比主枝的大，以保持主侧枝的从属关系。按此方法，每个主枝上选留 2～3 个侧枝。第三年冬剪，对主枝延长枝和第二侧枝于饱满芽处短截，剪留 30～50 cm。同时，在整形的过程中还要注意为主侧枝培养结果枝组。

树体基本成形后，修剪的目的主要是继续扩大树冠，培养结果枝组。该树形无中心干，主枝数量又少，因此营养集中，主枝长势较强，可充分利用夏剪培养主侧枝，并在及时控制背上枝长势的同时，将其培养成大型结果枝组。

（5）自然圆头形及整形修剪技术

① 树体结构。一般干高 40～60 cm，选留 5～6 个错落生长的主枝，除最上部一个向上延伸之外其余皆向外围伸展。主枝上每隔 50～60 cm 选留一个侧枝，侧枝在主枝两侧交错分布，侧枝上着生各种枝组。枝组的着生方向和部位要求不严，枝组均匀分布在背上、背侧和背下，以互不干扰、不影响主枝的生长为原则。这种树形没有明显的中心干，一般是在自然生长情况下，加以整形调整而成的。

② 整形修剪技术。定植后，定干高度 70～80 cm。冬剪时，选留 5～6 个生长方向均匀、长势良好的枝为主枝。对长势强的主枝剪去枝条全长的 1/3，对长势弱的主枝剪去枝条全长的 1/2，一般剪留长度为 50～60 cm。第一年剪口下留外芽，第二、三年留两侧的芽。

第二年冬剪时，对处于树冠中央位置的主枝（中心领导枝）延长枝留 50～60 cm 短截，以利于该枝向高处伸展，剪口芽留在迎风面。如树体生长健壮，可选留第二层主枝。第二层主枝要与第一层主枝交错分布，一般剪留长度为 40～50 cm。第一层主枝的延长枝留 50 cm 短截，距主干 50～60 cm 处选留侧斜生枝为第一侧枝。侧枝以与主枝的夹角为 40°～50°外斜生的较好，剪留长度为 30～40 cm。

第三至四年冬剪时，各主枝延长枝的剪留长度仍为 50 cm 左右。在距第一侧枝 40 cm 处的对侧选留第二侧枝。如树冠还需继续扩大，继续对主枝延长枝短截。短截的年限依栽植密度而定，密的年限宜短，稀的年限宜长，以能充分利用空间，但又不造成郁闭为原则。

6. 不同树龄修剪技术

（1）幼树的修剪 以开心形为例，李树特别是中国李是以花束状果枝和短果枝结果为主。如何使幼树尽快增加花束状果枝和短果枝是提高早期产量的关键。李幼树萌芽力和成枝力均较强，长势很旺，如要达到多出短果枝和花束状果枝的目的，必须轻剪甩放，减少短剪，适当疏枝，有利于树势缓和，多发花束状果枝和短果枝。李树幼龄期间要加强夏剪，一般随时进行，但重点应做好以下几次：

① 4 月下旬至 5 月上旬。对枝头较多的旺枝适当疏除，疏除背上旺枝密枝，削弱顶端优势，促进下部多发短枝。

② 5 月下旬至 6 月上旬。对骨干枝需发枝的部位可短截促发分枝，对冬剪剪口下出的新梢过多者可疏除，枝头保持 60°左右。其余枝条角度要大于枝头。背上枝可去除或捋平利用。

③ 7～8 月。重点是处理内膛背上直立枝和枝头过密枝，促进通风透光。

④ 9 月下旬。对未停长的新梢全部摘心，促进枝条充分成熟，有利于安全越冬，也有利于翌年芽的萌发生长。无论是冬剪还是夏剪，均应注意平衡树势。对强旺枝重截后疏除多余枝，并压低枝角，对弱枝则轻剪长留，抬高枝角，可逐渐使枝势平衡。根据晚红李三年生树的修剪试验，轻剪长放有利于缓和树势提高早期产量，轻剪长放者第四年株产可达 19.88 kg，而短剪为主者株产仅 15.22 kg。

（2）成龄树的修剪　大量结果后，树势趋于缓和且较稳定，修剪的目的是调整生长与结果的相对平衡，维持盛果期的年限。在修剪上对初进入盛果期的树应该以疏剪为主、短截为辅，适当回缩，在保持结果正常的条件下，要每年保证有一定量的壮枝新梢，只有这样才能保持树势，也才能保证每年有年轻的花束状果枝形成，保持旺盛的结果能力。根据对晚红李盛果期不同类型果枝占比及坐果的调查，一年生花束状果枝占比最大，结果也最多。

（3）衰老树的修剪　李树衰老期的表现是骨干枝进一步衰弱，延长枝的生长量不足 30 cm，中小枝组大量衰亡，树冠内出现不同程度的光秃现象，中长果枝占比减小，短果枝、花束状短果枝占比增多，枝量减少，产量下降。该期的修剪特点是采取重剪和回缩，更新骨干枝，利用内膛的徒长枝和长枝，更新树冠，维持树势，保持一定产量。回缩修剪要分年进行，对骨干枝的回缩，仍然要注意保持主侧枝的从属关系。对衰弱的骨干枝可用位置适当的大枝组代替，加重枝组的缩剪更新，多留预备枝，疏除细弱枝，使养分集中在有效果枝上。

在对老树的更新修剪同时，一定要加强肥水管理，深翻土壤，切断部分老根，长出新根，取得地上、地下新的平衡。

总之，不论是幼龄树的整形，还是成年树的修剪、衰老树的更新，都要依品种、树势而异，因树修剪，随枝做形，以翌年的发枝和结果情况评判修剪正确与否，逐年积累经验。

（六）花果管理技术

花果管理技术，主要内容包括了解落花落果原因，采取花期放蜂和人工辅助授粉等保花保果措施；疏花疏果，保证合理负载，增大果个，改善和提高果实品质，增加产量，提高经济效益。

1. 落花落果规律和原因

中国李的栽培品种多自交不亲和，而且还有异交不亲和现象，因此李树常常开花很多，但落花落果相当严重。一般有 3 个高峰期：第一次自开花完成后开始，主要是花器发育不全，失去受精能力或未受精造成的。据早期沈阳农业大学调查，朱砂李花蕊败育率达 92.3%。第二次落果发生在开花后 20 d 左右，果似绿豆粒大小时，幼果和果梗变黄脱落，直至核开始硬化为止。主要是授粉受精不良造成。如授粉树不足，缺传粉昆虫，花期低温，花粉管不能正常伸直等。第三次是在第二次落果后 3 周左右开始，即“6 月落果”，在果实长大以后发生，落果虽然很明显，但数量不多。主要是因为营养供应不足，胚发育中途停止造成落果。

2. 保花保果技术

为了保证授粉充足，提高李的结实率，应避免单一品种栽植。而在天气条件不利于授粉时，如花期遇到阴冷、大风等不良天气，昆虫活动少，人工辅助授粉则有助于提高坐果率。

(1) 人工辅助授粉 人工授粉是防止落花落果，提高坐果最有效的措施。李树的多数品种具有自花不亲和性，自交结实率很低。因此，需要配置适宜的异花授粉品种才能正常结果，以获得较高的结实率。

人工辅助授粉的步骤和方法如下：

① 花粉采集与贮存。注意采集花粉要从亲和力强的品种树上采。当授粉品种的花处于初花期时，采集花朵，采花一般结合疏花进行。采花时间以主栽品种开花前 1～3 d，而授粉品种已进入初花期最好，可全天随时采。采集大蕾期或刚刚开放的花朵，采花时从花柄处摘下。不同的品种可以混采。

采集鲜花后，在室内取花药。用两手各拿一朵花相对摩擦，使花药、花丝、花瓣落在纸上，过筛除去花丝和花瓣等杂质，仅保留花药。将花药平铺在光洁的纸上，在室内 20～25 ℃的通风条件下，一天翻动 2～3 次，通常 1～2 d 就完全散出花粉。一些大型的李园进行人工授粉，采集花药量大，可用花粉脱粒机采粉。

花粉可用于当年授粉，也可装入黑暗瓶中或干燥器中，内放入生石灰或硅胶吸湿，于 2～8 ℃和空气相对湿度 50%的干燥黑暗条件下贮存，也可装在密封塑料袋内置于冰箱冷冻室内贮藏，可贮1～2年。

花粉的寿命与温度、湿度等有着密切的关系。在室内低温干燥条件下贮存 37 d，在干燥器内 65 d 仍有发芽能力。

② 授粉时期。从开花前 4 d 的花蕾开始到开花后 7 d 为止，雌蕊柱头都有授粉能力。一般开花当天受精能力最高。最适宜的授粉时间在主栽品种的盛花初期，争取 2～3 d 内全园授完。大面积且多品种的李园，可根据不同品种和李园开花的先后进行授粉。授粉要选开花 3 d 以内的花朵，开花 4 d 以上的花朵授粉效果不好。适宜授粉花朵的标志是雌蕊花药还有部分未裂开，雌蕊花柱新鲜，柱头有黏液分泌。

③ 授粉方法。授粉前准备好授粉器和装花粉用的小瓶。授粉器可用自行车气门芯翻卷成双层插在铁钉上做成点授器。装花粉用的小瓶可用医药上装抗生素用的小瓶，事前洗净、烘干。方法为：

人工点授法：将 1 g 干花粉加 5 g 玉米淀粉（也可用滑石粉）作为填充物拌和均匀，放入小瓶中，用授粉器蘸花粉点授柱头，每蘸一次可以授 10 朵花左右。

液体喷授法：大面积授粉时可用液体喷授法，液体喷授是将花粉配置成一定的粉液，用微型喷雾器喷洒在花朵上。花粉液的配置是将水 10 kg、白糖 14 g、尿素 30 g、硼砂 10 g 和花粉 20～25 g 混合均匀。溶液要随配随用，不可久置。

鸡毛掸子滚授法：该方法可用于密植李园。把事先准备好的鸡毛掸子用白酒洗去鸡毛上的油脂，晾干后将掸子绑在木棍上。当密植园花朵大量开放时，先在授粉树开花多处反复滚沾花粉，然后移至要授粉的主栽品种上，上下内外滚授。在 1～3 d 内对每株树滚授 2 次，效果更佳。

选择温暖的天气进行，不要对全树普遍授粉，每一花序的花朵不必全授，一般授 1～2 朵即可。以预定坐果位置的花为主，比预订量多授20%～30%的花朵即可。因向上长的花易受霜害，不易坐果，应选择向两侧或向下的花朵授粉。树下往往结实量少，授粉应认真仔细，并增加授粉量。每株授粉花数的多少可根据树的花量和将来的留果量结合起来确定。

（2）花期放蜂 花前1周左右在李园放蜂，可提高坐果率20%左右，增产效果明显。放蜂主要利用壁蜂和蜜蜂在采粉时传播花粉。

壁蜂传粉已成为日本等发达国家果树优质、高产、高效的主要措施之一。生产上主要以角额壁蜂和凹唇壁蜂为主，其授粉的能力是蜜蜂的80倍，与自然授粉相比，可提高坐果率0.5～2倍。壁蜂在开花前5～10 d释放，将蜂茧放在李园提前准备好的简易蜂巢（箱）里，每667 m^2 果园放蜂80～100头，放蜂箱15～20个，蜂箱离地面约45 cm，箱口朝南（或东南），箱前50 cm处挖一小沟或坑，备少量水，存放在穴内，作为壁蜂的采土场。一般在放蜂后5 d左右为出蜂高峰，此时正值始花期，壁蜂出巢活动访花时间，也正是授粉的最佳时刻。

蜜蜂传粉是我国果园的传统习惯，但蜜蜂出巢活动的气温要求比壁蜂高。因此，对开花早的李树来说，授粉效果远不如壁蜂。因蜜蜂是移动饲养，且最初飞行的日子仅仅采访最近的花朵。因此，李花初放时，就应将其引入果园。一般每667 m^2 一箱蜜蜂比较好。

开花期低温、农药喷布都会影响蜜蜂的活动。

（3）喷施激素和营养元素 花期喷激素和营养元素可促进花粉管的伸长，促进坐果。研究表明，在大石早生李的花期可喷布30 mg/kg的赤霉素溶液、300 mg/kg的氯化稀土溶液、300 mg/kg的氯化稀土加50 mg/kg的赤霉素溶液、30 mg/kg的赤霉素加300 mg/kg的氯化稀土加0.3%的硼酸溶液、0.3%的硼酸溶液加0.3%的尿素溶液，均可显著提高大石早生李的坐果率，坐果率分别为5.3%、4.19%、5.46%、6.60%和5.05%，而清水对照仅为3.05%。另外，蕾期喷6 000～10 000倍液的“叶面宝”、800倍液的“5406”细胞分裂素；终花期喷0.05%～0.19%的稀土、30 mg/L的防落素溶液；幼果期喷0.3～0.5 mg/L的三十烷醇、0.3%～0.5%的硼砂、50 mg/L的赤霉素溶液，均可明显提高坐果率。

(4) 花期环剥 如在花期对大石早生李主干进行环剥，环剥宽度为主干宽度的1/10，坐果率达4.8%。而花期环割2道的坐果率略有提高，但不明显。

(5) 疏花疏果技术 是对花量过大、坐果过多、负载过重的李树所采取的技术措施。控制坐果数量，使树体合理负担，可控制花芽分化，连年高产、稳产，同时可增大果个，提高产量和果品质量，促进树势健壮，增强抗性，延长结果寿命。因此，在综合管理的前提下，合理疏花疏果是果树高产、稳产和优质的重要措施之一。

有条件的李园，可在花期进行疏花，减少养分的消耗。疏花首先应根据立地条件和管理水平确定留花量，管理水平高的李园可多留花。

疏花一般在蕾期和花期采用人工疏花，在保证坐果率及预期产量标准的前提下，疏花越早越好。疏花的方法：选疏结果枝基部的花，留中上部的花，预备枝上的花全疏掉。坐果率高的品种或可人工授粉的李园也可以花定果，即只疏花不疏果。留花数和应留果量基本相等。就整株树来说，树冠中部和下部要少疏多留，外围和上层要多疏少留，辅养枝、强枝多留，骨干枝、弱枝少留。具体到一个结果枝上，要疏两头留中间，疏畸形花，留发育正常的花，花束状果枝上花要留中间、疏外围。

① 疏果时期。原则上越早越好，这样有利于果实膨大、整齐，着色好，含糖量高。但也应在第二次落果开始后，能够判断结果状况时进行，最迟在硬核开始时完成。果实较小、成熟期早、生理落果少的品种，可在花后25～30 d（第二次落果结束）一次完成疏果任务。如果强调疏果质量，可分2次进行。第一次在果实黄豆粒大小时（花后20～30 d）进行；第二次在花后50～60 d完成。但像

三塔玫瑰李、月光李等生理落果严重的品种，应该在确认已经坐果以后再进行疏果。

② 疏果的标准。疏果的标准应根据历年的产量、当年的长势、坐果情况等制定当年结果量，然后根据品种、树势、修剪量、栽培管理水平、果实大小确定单株产量，通常以生产一个果需要的叶片数为疏果标准。

另外，还可以产定果，合理负载。通过四年生大石早生李负载量与果实品质的关系的研究，研究者提出了盛果期大石早生李疏果的标准。大石早生李适宜的负载量应控制在401～800个果/株，每667 m^2 产量应控制在1 500～2 000 kg。由此计算出单位面积总枝量、枝果比和叶果比。其疏果标准叶果比为（25～30）：1，枝果比为每4～5个短果枝留1个果。按留果距离计算，中长果枝每20～25 cm留1个果。根据生产实践，黑宝石李果间距在20 cm左右，初果期树每株留果150个左右，株产可达15～20 kg，每667 m^2 产量控制在1 000～2 000 kg。盛果期每株树留果300个左右，株产可达30～40 kg，每667 m^2 产量控制在3 000～4 000 kg。

③ 疏果方法。疏果时应保留具有品种特征的发育正常的果实，疏去虫果、伤果、畸形果、果面不干净的果。生产中多按果实形状来规定留果。经验证明，纵径长的果实以后膨大得快，容易长成大果。向上着生的果，容易遭受风害，并且随着果实膨大容易受到机械损伤，着色也不好，而且套袋困难。因此，应保留侧生和向下着生的幼果。疏果时按枝由上而下、由内向外的顺序进行。

3. 花期预防霜冻和树体保护

李开花较早，加上早春天气变化不稳定。因此，生产上经常发生晚霜危害。常用防霜措施有：

(1) 选择抗晚霜品种 选择花期较晚的品种躲避霜害和抗霜冻较强的品种。不同品种抗霜冻能力有很大差异。李品种中，七月红李、晚红李花期抗霜冻能力较强。

(2) 熏烟法 在临近花期时密切关注天气预报，并于夜间监测果园温度。在晴朗无风的夜间，当气温降至果树受冻临界温度时开始熏烟，利用烟雾阻止地面辐射和树体降温，直至气温回升到受冻临界温度以上时熄火。以烟雾较大、略潮湿一点的柴草为原料，如麦秸、残枝落叶、锯末等，或用防霜烟雾剂进行熏烟。防霜烟雾剂配方：常用的是硝酸铵 20%～30%、锯末 50%～60%、废柴油 10%和细煤粉 10%、硝酸铵、锯末、煤粉越细越好。按比例配好后，装入纸袋或容器内备用。霜冻来临时，在果园均匀设置，点燃即可。也可在每株树下放置一个无铁皮的蜂窝煤炉胆，内装 3 块蜂窝煤，点燃后可使园内气温提高 4.5 ℃，维持 4～5 h，防霜效果明显。

(3) 使用防霜药剂 开花前半个月至大蕾期喷施防霜灵 200 倍液可减轻霜冻危害。据河北农业大学研究，在李树花芽萌动期喷施 500 倍液国光“稀施美冻害必施”或河北农业大学的“2 号防霜素”，或以 20 倍药液注射，或以 50～100 倍液涂干，10 d 后再第二次用药。注射方法是在树干 50～70 cm 处，用电钻打 4 个深达髓部的孔洞，然后使用达克特压力式树干注射器把药液注入。

(4) 使用生长抑制剂 采果后喷布 0.02%～0.025%的 1-萘乙酸甲酯溶液，花芽膨大期喷 0.05%～0.2%的青鲜素，可使李延长休眠期，推迟花期，躲避晚霜。花芽萌动前喷洒 0.1%～0.3%的食盐水，可减轻花期冻害。

(5) 喷水或灌水 在果树萌动后至开花前，寒潮来临前 3～5 d 及时灌水，降低土温，可推迟花期。有喷灌条件的，霜冻发生时开启喷灌设备向树上喷水，同时配合叶面喷肥，可有效防止霜冻的发生和减轻冻害对果树花果的损害。

(6) 喷白或涂白 早春萌芽前或花前喷石灰浆（生石灰与水的比例为 1∶5）或于树干上涂白，也可推迟开花期 3～5 d，躲避晚霜。

白涂剂的配置：水、生石灰、硫黄渣三者比例为 30∶5∶1，另加动物油或植物油及食盐少量。配置时，先把生石灰倒入锅中，然后加少量水，再加入硫黄渣及动物油或植物油和食盐等，搅拌成稀糊状，冷却后便可使用。

（七）主要病虫害防治技术

1. 主要病害及防治技术

（1）细菌性穿孔病

症状：主要危害叶片，也危害果实和枝梢。叶片受害，病斑初期为水渍状小点，以后扩大成圆形或不规则形，呈紫褐色，周围似水渍状，并带有黄绿色晕环。空气湿润时，病斑背面有黏膜状菌脓。最后病斑干枯，病健组织交界处发生一圈裂纹，病死组织脱落形成穿孔。

黄单胞杆菌穿孔病引起的病斑晕圈较为明显，穿孔较圆而小；假单胞杆菌穿孔病引起的病斑晕圈不明显，穿孔呈不规则形。枝条受害后，病斑褐色至紫褐色，稍凹陷，边缘水渍状，多呈梭形，常伴有流胶。假单胞杆菌引起的病斑皮层常开裂。病菌也可使枝梢皮层坏死，造成死梢现象。

发生规律：致病细菌在枝梢病斑和病芽内越冬。翌春染病组织溢出病原细菌，借雨水、气流和昆虫传播侵染。病菌发育温度为5～35 ℃，最适宜温度 25 ℃左右，连续阴雨天或受蚜虫等昆虫危害严重时，易造成大面积流行。华北地区一般在 5 月发病，夏季高温高湿为发病高峰期。

防治方法：

① 选用抗耐病品种。

② 避免与其他核果类果树混栽。细菌性穿孔病除侵害李外，还能侵害桃、杏、樱桃等核果类果树，尤其是杏对细菌性穿孔病的感病性很强，因此，在以李树为主的果园，应将桃、杏等果树移植到距离李园较远的地方。

③ 加强果园管理。合理修剪，使果园通风透光良好；冬季结合修剪，彻底清除枯枝、落叶和落果，集中烧毁；注意果园排水，

降低果园湿度；科学施肥，增施有机肥料，避免偏施氮肥，采用配方施肥技术，提高李树抗病力。

④ 药剂防治。在李树发芽前，喷 4～5 波美度的石硫合剂或45%晶体石硫合剂 30 倍液；发芽后喷 72%农用链霉素可湿性粉剂3 000 倍液；在 5～6 月喷 50%混杀硫悬浮剂 500 倍液或硫酸锌石灰液（硫酸锌 0.5 kg、氢氧化钙 2 kg、水 120 kg），连喷 2～3 次。

（2）李红点病

症状：叶片染病时，先出现橙黄色、稍隆起的近圆形斑点，后病部扩大，病斑颜色变深，出现深红色的小粒点。后期病斑变成红黑色，正面凹陷，背面隆起，上面出现黑色小点。发病严重时，病叶干枯卷曲，引起早期落叶。

果实染病时，在果皮上先以皮孔为中心产生水渍状小点，橙红色，稍隆起，无明显边缘。当病部扩展到 2 mm 时，病斑中心变褐色，近圆形，暗紫色，边缘具水渍状晕环，中间稍凹，表面硬化粗糙，呈现不规则裂缝的病斑，达 35 mm 左右。最后病部变为红黑色，其上散生许多深红色小粒点，病果常畸形，易提早脱落。当湿度大时，病部可出现黄色隆起病斑，早期脱落。

发生规律：致病菌为 *Polystigma rabrum*（红疔座霉），属子囊菌亚门真菌。无性世代 *Polystigmina rubra* 称多点霉菌，属有丝分裂孢子真菌。以子囊壳在病落叶上越冬，翌年李树开花末期，子囊孢子借风雨传播。此病从展叶期至 9 月都能发生，病害始见于 4 月底，流行于 5 月中旬，7 月病叶转为红斑点达到高峰，尤其在雨季发生严重。

防治方法：

① 选用抗（耐）病品种。

② 加强果园管理。低洼积水地注意排水，降低湿度，减轻发病；冬季彻底清除病源，特别注意冬季清除病叶、病果，集中深埋或烧毁；土壤黏重和地下水位高的果园，要注意改良土壤；加强综合管理，增施有机肥，提高树体抗病能力。

③ 药剂防治。在李树发芽前，喷 4～5 波美度石硫合剂或 45%

晶体石硫合剂30倍液；发芽后轮换使用10%苯醚甲环唑水分散粒剂1 500倍、65%代森锌可湿性粉剂500～600倍、70%甲基硫菌灵可湿性粉剂800倍和70%代森锰锌可湿性粉剂600倍。

(3) 李树流胶病

症状：流胶病主要危害李树枝条，受危害后李树枝条皮层呈疱状隆起，随后陆续流出柔软透明的树胶，树胶与空气接触后变成红褐色至茶褐色，干燥后则成硬块，病部皮层和木质部变褐坏死，影响树势，重者部分枝条干枯乃至全株枯死。此病周年均有发生，尤以高温多雨季节多见。

发生规律：致病菌有性态为葡萄座腔菌 *Botryosphaeria ribis*，属子囊菌亚门真菌，无性态 *Dothiorella gregaria* 为桃小穴壳菌，属有丝分裂孢子真菌。李树流胶病的病原菌在树干、树枝的染病组织中越冬，翌年在李花萌芽前后产生大量分生孢子，借风雨传播，并且从伤口或皮孔侵入，以后可再侵染。李树种植地区，每年3月下旬开始发生流胶病。高湿是病害发生的重要条件，春季低温多阴雨易引起树干发病，高温多湿的4～6月更是发病盛期。病原桃囊孢菌通过风雨传播，再对枝条和树皮进行初侵染，其分生孢子发芽温度为8～40℃，最适温度为24～35℃，空气相对湿度85%～90%。病菌在树干、枝条病斑中越冬，于翌年3月下旬至4月中旬开始喷射分生孢子，随气流、降水滴溅传播，从枝条皮孔或伤口侵入树皮再侵染。5～6月为侵染高峰期，9月下旬至10月中旬侵染缓慢停止。在管理粗放、排水不良、土壤黏重、树体衰弱的情况下，易发生病害。

防治方法：

① 注重土壤管理。及时清园松土培肥，挖通排水沟，防止土壤积水。增施富含有机质的粪肥或麸肥及磷、钾肥，保持土壤疏松，以利根系生长，增强树势，减少发病。

② 及时防治天牛等树干害虫。在天牛等害虫成虫活动盛期，注意检查李树树干，采取人工捕杀幼虫。或用48%毒死蜱乳油1 000倍液或2.5%高效氯氰菊酯微乳剂1 000倍液喷杀成虫，减少

害虫咬伤钻伤树皮、树干，保护枝干，减少发病。

③ 加强果园管理。合理修剪，不要把枝条剪得过光，要保持一定的绿叶层，使树冠能荫蔽枝干，减少强光照射，以免造成裂皮。护理李树时注意不要损伤树干皮层，在干旱高温季节及时灌水能有效地预防该病的发生。

④ 药剂防治。5～6 月为防治适期。可用 12.5％烯唑醇可湿性粉剂 2 000～2 500 倍液或 25％溴菌腈（炭特灵）可湿性粉剂 500 倍液喷施，每隔 15 d 喷一次，连喷 3～4 次。施药时，药液要全面覆盖枝、干、叶片和果实，直至湿透。

(4) 李黑霉病

症状：主要危害果实。熟果或贮运期染病，初生浅褐色水渍状圆形至不规则形病斑，扩展很快，病部长出疏松的白色至灰白色棉絮状霉层，致果实呈软腐状，后产生暗褐色至黑色菌丝、孢子囊及孢囊梗。

发生规律：病菌广泛存在于空气、土壤、落叶、落果上，在高温高湿条件下极易从成熟果实的伤口侵入果实，且通过病健果接触传播蔓延。果实成熟期遇雨或成熟后未及时采摘，或采摘后的果实装箱或贮运过程中造成大量伤口，招致病菌侵染，引起大量果实腐烂。温暖潮湿利其发病。除侵染李外，该病菌还危害杏、苹果、梨等多种果实。

防治方法：

① 农业防治。加强果园管理，增施有机肥和磷、钾肥，适时浇水，促使果实发育良好，减少裂果和病虫造成的损伤。成熟的果实要及时采摘销售。长途运输的果实应在八成熟时采摘装箱，低温贮运，尽量减少机械损伤。

② 药剂防治。果实近成熟时喷洒一次 50％腐霉利可湿性粉剂 1 000～1 500 倍液或 50％异菌脲可湿性粉剂 1 500 倍液或 70％甲基硫菌灵可湿性粉剂 700 倍液或 50％多菌灵可湿性粉剂 800 倍液等。远距离运销的果实，在八成熟时采摘，并用山梨酸钾 500～600 倍液浸后装箱。

(5) 李疮痂病

症状：主要危害果实，亦危害枝梢和叶片。果实发病初期，果面出现暗绿色圆形斑点，逐渐扩大，至果实近成熟期，病斑呈暗紫或黑色，略凹陷。发病严重时，病斑密集，聚合连片，随着果实的膨大，果实龟裂。新梢和枝条被害后，呈现长圆形、浅褐色病斑，后变为暗褐色，并进一步扩大，病部隆起，常发生流胶。病健组织界限明显。

发生规律：病菌为*Cladosporium carpophilunm*，为嗜果枝孢，属有丝分裂孢子真菌。分生孢子梗短，簇生，不分支或偶有一次分支，暗褐色，有分隔，稍弯曲。分生孢子单生或呈短链状，单胞，偶有双胞，圆柱形至纺锤形或棍棒形，有些孢子稍弯曲，近无色或浅橄榄色，孢痕明显。

以菌丝体在枝梢病组织中越冬。翌春，气温上升，病菌产生分生孢子，通过风雨传播，进行初侵染。在我国南方李区，5～6月发病最盛；北方李园，果实一般在6月开始发病，7～8月发病率最高。高温地湿，排水不良，枝条郁密等均能加重病害的发生。

防治方法：

① 农业防治。秋末冬初结合修剪，认真剪除病枝、枯枝，清除僵果、残桩，集中烧毁或深埋。注意雨后排水，合理修剪，使果园通风透光。

② 药剂防治。早春发芽前将流胶部位病组织刮除，然后涂抹45%晶体石硫合剂30倍液，或喷石硫合剂加80%的五氯酚钠200～300倍液，或1∶1∶100倍式波尔多液，铲除病原菌。生长期于4月中旬至7月上旬，每隔20 d用刀纵、横划病部，深达木质部，然后用毛笔蘸药液涂于病部。可用70%甲基硫菌灵可湿性粉剂800～1 000倍液、50%福美双可湿性粉剂300倍液、80%乙蒜素乳油50倍液、1.5%多抗霉素水剂100倍液处理。

(6) 李袋果病

症状：主要危害李、郁李、樱桃李、山樱桃等。病果畸变，中空如囊，因此得名。该病在落花后即显症，初呈圆形或袋状，后渐变狭长略弯曲，病果平滑，浅黄色至红色，皱缩后变成灰色至暗褐色或黑色而脱落。病果无核，仅能见到未发育好的皱形核。枝梢和叶片染病，枝梢呈灰色，略膨胀，组织松软；叶片在展叶期开始变成黄色或红色，叶面皱缩不平，似桃缩叶病。5～6 月病果、病枝、病叶表面着生白色粉状物，即病原菌的裸生子囊层。病枝秋后干枯亡，翌年在这些枯枝下方长出的新梢易发病。

发生规律：病菌为 *Taphrina pruni*（Fuck.）Tul.［李外囊菌(李囊果病菌)］，属子囊菌亚门真菌。菌丝多年生，子囊形成于叶片角质层下，细长圆筒状或棍棒形，大小（24～80）μm×（10～15）μm，足细胞基部宽。子囊里含 8 个子囊孢子，子囊孢子球形，能在囊中产出芽孢子。除危害李、樱桃李外，还可危害山樱桃、短柄樱桃、豆樱、黑刺李等。

病菌以子囊孢子或芽孢子在芽鳞缝内或树皮上越冬，翌春李芽萌发时，芽孢子生芽管，直穿透表皮或自气孔侵入嫩叶。当年病叶产生的子囊孢子及芽孢子于春末夏初成熟，4～5 月时发生严重，借风力传播，但由于时值高温，一般不再侵染，一年只侵染一次，随着气温升高，停止发展，气温超过 30 ℃即不发病。春季低温多雨时利于该病发生，江河沿岸、湖畔、低洼地亦多发此病。

防治方法：

① 农业防治。注意园内通风透光，栽植不要过密。合理施肥、浇水，增强树体抗病能力。在病叶、病果、病枝梢表面尚未形成白色粉状层前及时摘除，集中深埋。冬季结合修剪等管理。剪除病枝，摘除宿留树上的病果，集中深埋。

② 药剂防治。李树开花发芽前，可喷洒以下药剂：3～4 波美度石硫合剂、1∶1∶100 倍式波尔多液、77%氢氧化铜可湿性粉剂 500～600 倍液、30%碱式硫酸铜胶悬剂 400～500 倍液、45%晶体石硫合剂 30 倍液。以铲除越冬菌源，减轻发病。

自李芽开始膨大至露红期，可选用以下药剂：65%代森锌可湿性粉剂 400 倍液、50%苯菌灵可湿性粉剂 1 500 倍液、70%代森锰锌可湿性粉剂 500 倍和 70%甲基硫菌灵可湿性粉剂 500 倍液等，每 10～15 d 喷一次，连喷 2～3 次。

(7) 李实腐病

症状：果实受害，初为褐色圆形病斑，几天内很快扩展到全果，果肉变褐软腐，表面生灰白色霉层。

发生规律：危害李树的花和果实，贮运期间的果实也可受害。病菌通过花梗和叶柄向下蔓延至嫩枝，并进一步扩展到较大枝上，形成灰褐色长圆形溃疡病斑，病斑上生灰色霉丝。果实成熟期发病快，形成弱果不落。

防治方法：

① 及时防治虫害，减少果实伤口，防止病菌从伤口侵入。

② 及时剪除病枝，彻底清除病叶，集中烧毁或深埋，减少病源。

③ 药剂防治。早春萌芽前喷一次 5 波美度石硫合剂或 1∶2∶120 倍式波尔多液。在李树开花 70%左右时及果实近熟时喷布 70%甲基硫菌灵可湿性粉剂或 50%多菌灵可湿性粉剂 1 000～1 500 倍液。落花后 10 d 至采收前喷 50%多菌灵可湿性粉剂 800～1 000 倍液、65%代森锌可湿性粉剂 500 倍液、75%百菌清可湿性粉剂 800～1 000 倍液、70%甲基硫菌灵 800～1 000 倍液等。

(8) 李黑斑病

症状：果实发病，初期在果面上产生褐色小圆斑，稍凹陷，后扩大，呈暗紫色，病斑边缘呈水渍状，干燥情况下常出现裂纹，天气潮湿时病斑上分泌出黄白色黏物。

发生规律：病菌在枝条上病组织中越冬，翌春细菌开始活动，溢出菌液，借风雨和昆虫传播，经叶片气孔、枝条叶痕、芽痕及果实皮孔侵入。一般于 5 月开始发病，7～8 月为发病盛期。气温 19～28 ℃，空气相对湿度 70%～90%，利于发病，雨水频繁或多雾，发病重；大暴雨多时，因菌液多被冲刷到地面，不利于发病。树势强，发病轻；树势弱，发病早且重。早熟品种，发病轻；晚熟品种，发病重。

防治方法：

① 农业防治。加强果园综合管理，增施有机肥，提高树体抗病力。土壤黏重和地下水位高的果园，要注意改良土壤和排水；选栽抗病品种，进行合理整形修剪，使之通风透光。冬季结合修剪等管理，剪除病枝，摘除宿留树上的病果，集中深埋。

② 药剂防治。发芽前喷洒石硫合剂或 1∶1∶100 倍式波尔多液，发芽后喷 72%农用链霉素可溶性粉剂 3 000 倍液，半个月喷 1 次，连喷 2～3 次。也可采用代森铵、新植霉素、福美双等在常规使用浓度下喷洒，果实生长期适当增加药剂防治次数。

(9) 细菌性根癌病 又名根头癌肿病，该病系革兰氏阴性根癌土壤杆菌引起。受害植株生长缓慢，树势衰弱，缩短结果年限。

症状：细菌性根癌病主要发生在李树的根颈部、嫁接口附近，有时也发生在侧根及须根上。病瘤形状为球形或扁球形，初生时为黄色，逐渐变为褐色至深褐色，老熟病瘤表面组织破裂，或从表面向中心腐烂。

发病规律：细菌性根癌病病菌主要在病瘤组织内越冬，或在病瘤破裂、脱落时进入土中，在土壤中可存活一年以上。雨水、灌水、地下害虫、线虫等是田间传染的主要媒介，苗木带菌则是远距离传播的主要途径。细菌主要通过嫁接口、机械伤口侵入，也可通过气孔侵入。细菌侵入后，刺激周围细胞加速分裂，导致形成癌瘤。此病的潜伏期从几周到一年以上，以 5～8 月发病率最高。

防治方法：

① 繁殖无病苗木。选无根癌病的地块育苗，并严禁采集病园的接穗，如在苗圃刚定植时发现病苗应立即拔除。并清除残根集中烧毁，用 1%硫酸铜溶液消毒土壤。

② 苗木消毒。用 1%硫酸铜溶液浸泡 1 min，或用 3%次氯酸钠溶液浸根 3 min，杀死附着在根部的细菌。

③ 刮治病瘤。早期发现病瘤，及时切除，用 30%琥珀酸铜胶悬剂 300 倍液消毒，保护伤口。对刮下的病组织要集中烧毁。李树常见病害还有李红点病及桃树腐烂病（也侵染李、杏、樱桃等）、

疮痂病等，防治上可参考褐腐病、穿孔病等进行。

（10）褐腐病 又称果腐病，是桃、李、杏等果树果实的主要病害，在我国分布普遍。

症状：褐腐病可危害花、叶、枝梢及果实等部位，果实受害最重，花受害后变褐，枯死，常残留于枝上，长久不落。嫩叶受害，自叶缘开始变褐，很快扩展全叶。病菌通过花梗和叶柄向下蔓延到嫩枝，形成长圆形溃疡斑，常引发流胶。空气湿度大时，病斑上长出灰色霉丛。当病斑环绕枝条一周时，可引起枝梢枯死。果实自幼果至成熟期都能受侵染，但近成熟果受害较重。

发病规律：病菌主要以菌丝体在僵果或枝梢溃疡斑病组织内越冬。翌春产生大量分生孢子，借风雨、昆虫传播，通过病虫及机械伤口侵入。在适宜条件下，病部表面长出大量的分生孢子，引起再次侵染。在贮藏期间，病果与健果接触，能继续传染。花期低温多雨，易引起花腐、枝腐或叶腐。果熟期间高温多雨，空气湿度大，易引起果腐，伤口和裂果易加重褐腐病的发生。

防治方法：①消灭越冬菌源：冬季对树上树下病枝、病果、病叶应彻底清除，集中烧毁或深埋。②喷药防护：在花腐病发生严重地区，于初花期喷布70%甲基硫菌灵可湿性粉剂800～1 000倍液。无花腐发生园，于花后10 d左右喷布65%代森锌可湿性粉剂500倍液，或50%代森铵水剂800～1 000倍液，或70%甲基硫菌灵可湿性粉剂800～1 000倍液。之后，每隔半个月左右再喷1～2次。果实熟前1个月左右再喷1～2次。

2. 主要虫害及防治技术

（1）介壳虫类

① 危害特点。

朝鲜球坚蚧：又名朝鲜球蚧、杏球坚蚧，以若虫和雌成虫刺吸李树汁液，排泄蜜露常导致煤污病发生，削弱树势，重者李树枯死。

桑白蚧：又名桑盾蚧，若虫和雌成虫刺吸枝干汁液，偶有危害果、叶者，重者致李树枯死。

② 发生规律。

朝鲜球坚蚧：一年发生1代，以2龄若虫固着在枝条的裂缝及叶痕处越冬，外覆有蜡被，3月中旬开始活动，在枝条上寻找适宜部位，固着不动，而后雌雄分化，虫体逐渐膨大，并排出黏液形成介壳，雄若虫4月上旬开始分泌蜡质茧化蛹，4月中旬开始羽化交尾，4月下旬至5月上旬为盛期。5月中旬前后为雌虫产卵盛期，5月下旬至6月上旬为孵化盛期。若虫孵化后，在母介壳内停留3 d左右，出壳后爬行到适宜取食的场所，体面分泌蜡被终生固定在枝条上。越冬前蜕皮一次，即行越冬。

桑白蚧：北方果区一年发生3代，以第二代受精雌虫于枝条上过冬。寄主芽萌动后开始吸食汁液，虫体迅速膨大，4月下旬至5月上旬产卵，卵产于介壳下。5月中下旬出现第一代若虫，6月中下旬至7月上旬成虫羽化，雌虫7月中旬至8月上旬产卵，第一代雌成虫每个可产卵50余粒，卵孵化期为7月下旬至8月中旬。8月中旬至9月上旬成虫羽化，以受精雌虫于枝干上越冬。

③ 防治方法。

a. 冬季刮除枝条上介壳虫的越冬虫体，3月中旬至4月上旬，用硬毛刷或钢丝刷刷死枝条上的越冬幼虫。

b. 药剂防治。李芽膨大时喷5波美度石硫合剂或45%晶体石硫合剂30倍液，或4%～5%的矿物油乳剂一次，杀灭越冬若虫。5月下旬在卵孵化高峰期，喷0.3波美度石硫合剂或松脂合剂10～18倍液，可有效防治介壳虫。

（2）梨小食心虫

① 危害特点。幼虫危害新梢和果实，果实受害初期在果面现一黑点，后蛀孔四周变黑腐烂，形成黑疤，上有一小孔，但无虫粪，果内有大量虫粪。

② 发生规律。每年发生代数因各地气候不同而异，华北一年发生3～4代，以老熟幼虫在果树枝干和根颈裂缝处及土中结成灰白色薄茧越冬。翌春4月上中旬开始化蛹，此代蛹期15～20 d，成

虫发生期4月中旬至6月中旬，发生期很不整齐，致以后世代重叠。各虫态历期：卵期5～6 d，第一代卵期8～10 d，非越冬幼虫期25～30 d，蛹期一般7～10 d，成虫寿命4～15 d，除最后1代幼虫越冬外，完成1代需40～50 d。该害虫有转主危害习性，一般1～2代主要危害新梢，3～4代危害果实。

在混栽或邻栽的果园，梨小食心虫发生重；果树种类单一发生轻。山地管理粗放的果园发生重；一般雨水多、湿度大的年份，发生比较重。

③ 防治方法。

a. 人工捉虫。休眠期刮除老皮、翘皮，进行人工捉虫；于幼果脱果越冬前进行树干束草诱集越冬幼虫，在翌春出蛰前取下束草烧毁；春夏季及时剪除被蛀梢端萎蔫而未枯的树梢及时处理。

b. 释放赤眼蜂。在1～2代卵期，释放松毛虫赤眼蜂，每5 d放一次，连续4次，每667 m^2 总蜂量8万～10万头，可有效控制该害虫危害。

c. 药剂防治。当田间李果上卵果率达0.5%～1%时，进行喷药防治。常用药剂及浓度：35%氯虫苯甲酰胺水分散粒剂3 500倍液、2.5%高效氯氰菊酯微乳剂2 000～3 000倍液等。

d. 果实套袋。果实套袋对该虫有较好的防治效果，采收时可不除袋，带袋贮运。

e. 诱杀成蛾。在成虫羽化盛期，在虫口密度较低的李园，每隔50 m挂一个含梨小食心虫性诱剂200 μg的诱芯水碗诱捕器，诱杀成虫，或利用黑光灯、糖醋液（红糖1份、醋3份、水10份）诱杀成虫。

(3) 李小食心虫

① 危害特点。幼虫蛀果危害，蛀果前常在果面吐丝结网，于网下蛀入果内，排出少许粪便，后流胶，粪便排于果内，幼果被蛀多脱落，大果被蛀部分脱落。

② 发生规律。8月幼虫脱果后，入土做茧越冬，它们集中分布在以树干为中心、1 m为半径的范围内，多在0～10 cm的表土

内。4 月末开始化蛹，5 月中下旬为羽化盛期，5 月下旬至 6 月初，成虫产卵于果柄附近，卵期 4～9 d。吉林省李小食心虫一年发生1～2代，7 月上旬至 8 月中旬，幼虫老熟脱果，其中 10%羽化为成虫，继续危害，形成第二代。多数脱果后保持幼虫态越冬。

③ 防治方法。

a. 地下防治。成虫羽化前（李落花后，即 5 月上旬）树冠下地面撒药，重点是干周半径 1 m 范围内，可喷 2.5%高效氯氰菊酯乳油，每 667 m^2 0.3～0.5 kg，加水 50～90 倍。如果药剂缺乏，可压土 6～10 cm 厚，拍实，使成虫不能出土，羽化完毕及时撤土，防止根系上返。

b. 药剂防治。落花后（5 月中下旬）进行药剂防治。药剂有：25%灭幼脲 3 号悬浮剂 1 500～2 000 倍液，或 30%桃小灵乳油 2 000倍液，或 20%氰戊菊酯乳油 2 000 倍液，或 5%高效氯氰菊酯乳油 2 000 倍液，或 2.5%氯氟氰菊酯乳油 4 000 倍液等，一般 10 d 一次，共用药 2～3 次。7 月上旬，第一代成虫发生，再喷一次同样药剂。

c. 果实套袋。果实套袋对该虫有较好的防治效果，采收时可不除袋，带袋贮运。

d. 诱杀成蛾。在成虫羽化盛期，在虫口密度较低的梨园，每隔 50 m 挂一个含李小食心虫性诱剂 200 μg 的诱芯水碗诱捕器，诱杀成虫，或利用黑光灯、糖醋液（红糖 1 份、醋 3 份、水 10 份）诱杀成虫。

(4) 蚜虫类 危害李树的蚜虫主要有桃蚜、桃粉蚜和桃瘤蚜 3 种。

① 危害特点。

桃蚜：又名烟蚜，成若蚜群集于桃芽、叶、嫩梢上刺吸危害，叶片被害后向背面不规则地卷曲皱缩，常导致叶片脱落，抑制李梢生长，排泄的蜜露诱致煤污病的发生并传播病毒病。

桃粉蚜：又名桃大尾蚜，以成若蚜群集于新梢和叶背刺吸危害，被害叶片失绿并向叶背纵卷，卷叶内有白色蜡粉，严重时叶片早落，枝梢干枯，排泄蜜露常致煤污病的发生。

桃瘤蚜：又名桃瘤头蚜，以成若蚜群集于叶背刺吸汁液，致使叶缘向背面纵卷成管状，被卷处组织肥厚凹凸不平，初时淡绿色，后呈桃红色，严重时全叶卷曲很紧，似绳状或皱成团，最后干枯或脱落。

② 发生规律。

桃蚜：北方一年发生 10～20 代，南方一年发生 30～40 代，以卵在果树的芽旁、枝条裂缝等处越冬，有时迁回温室内的植物上越冬。翌年越冬寄主发芽时，卵孵化为干母，若蚜群集芽上危害，李树展叶后，转移到叶背和嫩梢危害，5 月加速繁殖，危害严重，6 月开始产生有翅蚜，有翅蚜陆续迁飞至烟草、马铃薯、甘蓝等夏季寄主上危害繁殖，至 10 月产生有翅蚜陆续迁回冬寄主，产生有性蚜交尾产卵，以冬卵越冬。

桃粉蚜：在北方一年发生 10 余代，南方 20 余代，以卵在李树等越冬寄主的芽腋、裂缝及短枝杈处越冬，在北方 4 月上旬越冬卵孵化为若蚜，危害幼芽嫩叶，发育为成蚜后，进行孤雌生殖，胎生繁殖。5 月出现胎生有翅蚜，迁飞传播，5～6 月危害严重，8～9 月迁飞至其他植物上危害，10 月又回到冬寄主上，出现有翅雄蚜和无翅雌蚜，交配后在枝条上产卵越冬。

桃瘤蚜：北方一年发生 10 余代，南方一年发生 30 余代，以卵在桃树等越冬寄主的芽腋处过冬，翌年果树发芽后，卵孵化为干母，群集叶背危害繁殖，5～6 月危害最为严重，并大量产生有翅蚜，陆续迁飞至禾本科等寄主上危害繁殖，10 月产生有翅蚜迁回越冬寄主，产生有性蚜，交尾产卵，以卵过冬。

③ 防治方法。

a. 农业防治。冬季修剪虫卵枝，早春要对被害较重的虫枝进行修剪，夏季桃瘤蚜迁移后，要对李园周围的菊花科寄主植物等进行清除，并将虫枝、虫卵枝和杂草集中烧毁，减少虫、卵源。

b. 保护天敌。蚜虫的自然天敌很多，在天敌的繁殖季节，要科学使用化学农药，不宜使用触杀性广谱性杀虫剂。

c. 药剂防治。根据蚜虫的危害特点，防治宜早，在芽萌动期至卷叶前为最佳防治时期。可选用22.4%螺虫乙酯悬浮剂4 000倍液或10%氟啶虫酰胺可湿性粉剂1 500倍液或50%氟啶虫胺腈水分散粒剂8 000倍液轮换使用。

(5) 叶螨类 危害苹果的叶螨主要有山楂叶螨、苹果全爪螨和二斑叶螨。

① 危害特点。

山楂叶螨：主要危害果树的叶片、嫩芽和幼果。危害叶片时，多群居叶背中脉两侧，吐丝拉网，叶正面出现许多苍白色斑点，逐渐扩大连片，严重时全叶黄褐色枯燥。寄主：苹果、桃、山楂、李、杏等。

苹果全爪螨：主要危害果树的叶片、嫩芽。在叶背面、叶正面均有取食。叶背面以幼若螨为多，叶正面成螨占多数。叶片上出现失绿斑点，最后全叶枯黄，但多不脱落。嫩芽受害常不能展叶开花，甚至整芽枯死。

二斑叶螨：成若螨在叶背危害，初受害时叶片上出现灰白色小点，危害严重时叶焦枯，状似火烧状，可造成叶脱落。

② 发生规律。

山楂叶螨：北方果区一年发生5～13代，均以受精雌成螨在树体各种缝隙内及树干基部附近土缝里群集越冬。翌春李芽膨大露绿时（气温9～10 ℃）出蛰危害幼芽，李展叶后为出蛰盛期，整个出蛰期达40余d，在叶背危害。出蛰雌成螨取食7～8 d后开始产卵，盛花期为产卵盛期。卵期8～10 d，落花后7～8 d卵基本孵化完毕。第二代卵在落花后30 d左右达孵化盛期，此时各虫态同时存在，世代重叠。春、秋季世代平均每雌螨产卵70～80粒，夏季世代20～30粒。一般6月前完成1代需20余d，夏季高温干旱完成1代仅需9～15 d。麦收前后为全年发生的高峰期，进入雨季后，果园中湿度增加，加之天敌数量的增长，山楂叶螨虫口显著下降，至9月可再度上升，危害至10月陆续以末代受精雌螨潜伏越冬。

苹果全爪螨：北方果区一年发生6～9代，以卵在短果枝、果台及二年生以上的枝条的粗糙处越冬，越冬卵在李花蕾膨大时（气温14.5℃）进入孵化盛期。第一代夏卵在李盛花期始见，花后1周大部分孵化，此后同一世代各虫态并存而且世代重叠。该螨既能两性生殖，也能孤雌生殖。完成一代平均需10～14 d。7～8月进入危害盛期，8月下旬至9月上旬出现冬卵。

二斑叶螨：北方果区一年发生7～9代，以受精雌成虫在枝干翘皮、老翘皮下、果树根颈部、杂草或覆草下等处越冬。春季果树发芽（气温10℃以上）时越冬雌虫出蛰。树下地面越冬的雌成螨先在杂草上取食，然后上树危害。树上越冬的雌成螨先在树冠内危害，以后再扩展全树。该螨一般发育历期短，在20～25℃下，完成一代仅需8～10 d。每雌可产卵50～110粒。7～8月危害最重，11月以后陆续出现越冬雌成螨，寻找越冬场所越冬。

③ 防治方法。

a. 消灭越冬虫源。果树休眠期刮除老皮，重点是刮除主枝分杈以上老皮，主干可不刮皮以保护主干上越冬的天敌。发芽前结合防治其他害虫可喷洒5波美度石硫合剂或45%晶体石硫合剂20倍液、含油量3%～5%的柴油乳剂，以降低越冬代害螨基数。

b. 保护和释放天敌。5月下旬至6月中旬，根据叶螨的虫口基数，以1∶(36～64)的益害比，每株释放西方盲走螨雌成螨350～2 750头，能较好地控制害螨危害。在山楂叶螨幼、若螨期，将宽4 cm、长10 cm的草蛉卵卡（每张卵卡上有卵20～50粒）用大头针别在叶螨量多的叶片背面，待幼虫孵化后自行取食，每株放2～3次，每次每株放草蛉卵3 000粒。另外为了保护果园中的草蛉，要适当间作一些蜜源植物，如在果树行间种紫花苜蓿等。

c. 生长期药剂防治。根据物候期抓住花前、花后和麦收前后3个关键期进行防治。常用药剂及浓度：0.3～0.5波美度石硫合剂，45%晶体石硫合剂300倍液，50%硫黄悬浮剂200倍液，99.1%敌死虫乳油200倍液，10%浏阳霉素1 000倍液，0.2%苦参碱水剂800倍液，2.5%华光霉素可湿性粉剂500倍液，0.65%茴蒿素水剂 600 倍液等。

(6) 潜叶蛾类 危害苹果的潜叶蛾类害虫主要有金纹细蛾、旋纹潜叶蛾和银纹潜叶蛾。

① 危害特点。

金纹细蛾：幼虫潜食叶肉，叶正面出现网眼状，叶背面下表皮鼓起，似薄膜状，浅黄色，虫斑处多有皱缩现象，严重时造成叶片枯焦早落，削弱树势。

旋纹潜叶蛾：幼虫在叶的皮下潜食叶肉，虫道呈螺旋状，叶面可见近圆形或不规则形黑斑，并可透视螺旋状黑褐色条纹。

银纹潜叶蛾：幼虫在皮下潜食叶肉，虫道呈线状，叶面可见由细变粗的线状虫道和最后形成的长圆形的枯黄斑，粪便黑褐色。

② 发生规律。

金纹细蛾：一年发生 4～5 代，以蛹在被害处的落叶内过冬，翌春 4 月初李发芽期为越冬代成虫羽化盛期，成虫在早晨或傍晚围绕树干附近活动，进行交配、产卵活动。卵多散产于发芽早的幼嫩叶片背面茸毛下，卵期 7～10 d。各代成虫发生盛期：越冬代 4 月中下旬，第一代 6 月上中旬，第二代 7 月中旬，第三代 8 月中旬，第四代 9 月下旬。8 月是全年中危害最严重的时期。

旋纹潜叶蛾：一年发生 5 代，以蛹在茧中越冬，越冬茧多在主侧枝及主干等大枝粗皮下及缝隙中。翌年 4 月中旬至 5 月中旬成虫羽化，第一代卵多产在树冠内膛中下部光滑的老叶背面，以后各代分散于树冠各部位。每雌虫产卵 30 粒左右，成虫寿命 3～12 d。7～9月是全年危害最严重时期。

银纹潜叶蛾：一年发生 5 代，以成虫在落叶、草丛、草垛、石缝等处越冬，翌年 2 月开始活动，李展叶期产卵，6 月上旬出现第一代成虫，以后各代成虫分别出现在 7 月上中旬、8 月下旬至 9 月上旬，10 月下旬以末代成虫越冬。成虫在枝梢端部 3～4 片叶背面产卵，卵散产，卵期 5～8 d，蛹期 6～12 d。

③ 防治方法。

金纹细蛾：秋季落叶后，彻底清扫园内落叶，集中深埋或沤肥，杀灭越冬蛹。为保护天敌可将部分落叶保存纱网中，金纹细蛾成虫封闭网内，让天敌羽化后飞出。生长期药剂防治。成虫盛发期或幼虫初孵期喷药。常用药剂及浓度：2%甲氨基阿维菌素乳油5 000倍液，25%灭幼脲3号悬浮剂1 500倍液，20%杀铃脲悬浮剂6 000～8 000倍液，10%高渗烟碱水剂1 000倍液等。利用性信息素诱芯直接诱杀成虫。

旋纹潜叶蛾：秋季落叶后，及时清除果园落叶，刮除老树皮，可消灭部分越冬卵。结合防治其他病虫害，在越冬代老熟幼虫结茧前，在枝干上束草环诱虫进入化蛹越冬，休眠期取下集中烧毁。生长期药剂防治。用药参考金纹细蛾。

银纹潜叶蛾：冬季或早春，清理果园枯枝落叶和附近杂草，消灭越冬成虫。在生长季节经常检查果树，及时剪除受害虫梢，并摘除虫叶。

生长期药剂防治。用药参考金纹细蛾。

(7) 卷叶蛾类 危害李的卷叶蛾主要有苹小卷叶蛾、苹褐卷叶蛾、苹大卷叶蛾、黄斑卷叶蛾、顶梢卷叶蛾5种。

① 危害特点。

苹小卷叶蛾：幼虫危害李花瓣、嫩叶和果实，花瓣被咬出缺刻，并有丝缠绕，叶被害卷曲或两叶重叠，果实被害有坑洼或片状凹陷伤疤。

苹褐卷叶蛾：幼虫取食新芽、嫩叶和花蕾，常吐丝缀叶或纵卷一叶，隐藏在卷叶中取食危害。果实被害有坑洼或片状凹陷伤疤。

苹大卷叶蛾：花瓣、叶片被害同苹小卷叶蛾，果实很少被害。

黄斑卷叶蛾：叶片被害状同苹小卷叶蛾，有的将5～8片叶子卷在一起，咬出许多孔洞。

顶梢卷叶蛾：幼虫危害新梢顶端，将叶卷为一团，食新芽、嫩叶，生长点被害新梢歪在一边，影响顶花芽形成及树冠扩大。

② 发生规律。

苹小卷叶蛾：黄河故道地区一年发生4代，辽宁、华北一年发生3代，以低龄幼虫于粗翘皮、伤口等缝隙内结白色薄茧越冬。果树发芽时开始出蛰，出蛰幼虫爬到新梢上危害幼芽、花蕾和嫩叶，老熟后于卷叶内化蛹，蛹期6～9 d。各代成虫发生期大体为：3代发生区，6月中旬越冬代成虫羽化、7月下旬第一代成虫羽化、9月上旬第二代成虫羽化；4代发生区，5月下旬越冬代成虫羽化、6月末至7月初第一代成虫羽化、8月上旬第二代成虫羽化、9月中旬第三代成虫羽化。成虫昼伏夜出，有趋光性，对果汁、果醋和糖醋液趋性强。羽化后1～2 d便可交尾产卵。卵多产于叶面，也有产在果面和叶背的，每雌虫可产卵百余粒，卵期6～10 d。

苹褐卷叶蛾：在辽宁、甘肃一年发生2代，在河北、山东、陕西一年发生2～3代，均以低龄幼虫在树干上的粗皮下、裂缝、剪锯口周围死树皮内结薄茧越冬。翌春李萌芽时出蛰危害嫩芽、幼叶和花蕾，5月中下旬至6月上旬幼虫卷叶危害，6月中旬老熟幼虫在卷叶内开始化蛹，6月下旬至7月中旬羽化为成虫。第一代幼虫在7月中旬开始发生，第二代幼虫在9月上旬发生。

苹大卷叶蛾：北方果区一年发生2～3代，以低龄幼虫在粗翘皮下、锯口皮下和枯叶下结茧越冬。翌年寄主萌芽时出蛰危害，吐丝连缀新芽、嫩叶、花蕾等，老熟后在卷叶内化蛹，蛹期6～9 d。越冬代成虫6月始发生，卵多产在叶上，卵期1周左右。初龄幼虫咬食叶背叶肉，受惊扰吐丝下垂转移。2龄幼虫卷叶危害，2代幼虫危害一段时间寻找场所结茧越冬。

黄斑卷叶蛾：北方果区一年发生3～4代，以越冬型成虫在杂草、落叶间越冬，翌年3月开始活动，第一代卵于4月上中旬产于枝条或芽附近，幼虫孵后蛀食花芽及芽的基部后卷叶危害。以后各代幼虫均卷叶危害。每雌虫产卵80余粒，卵期一代约20 d，其余世代4～5 d，幼虫共5龄，龄期约24 d，蛹期平均13 d左右。

顶梢卷叶蛾：黄河故道地区一年发生3代，山东、华北、东北一年发生2代。均以2～3龄幼虫于被害梢卷叶团内结茧越冬，少数于芽侧内结茧越冬。寄主萌芽时越冬幼虫开始出蛰转移到邻近的芽危害嫩叶，经 24～36 d 老熟后结茧化蛹，蛹期 8～10 d。各代成虫发生期：2 代区，分别为 6 月至 7 月上旬，7 月中下旬至 8 月中下旬；3 代区，分别为 6 月、7 月、8 月。成虫昼伏夜出，趋光性不强，喜食糖蜜，寿命 5～7 d。最后一代幼虫危害到 10 月中下旬，在梢顶卷叶内结茧越冬。

③ 防治方法。

a. 人工防治。果树休眠期彻底刮除树体粗皮、翘皮、剪锯口周围死皮，消灭越冬幼虫。

人工摘除虫苞：落花后越冬代幼虫开始卷叶危害，人工摘除虫苞可降低虫口基数。

利用成虫趋化性，诱杀成虫：在树冠下挂糖醋液（糖：酒：醋：水=5：5：20：80），或果醋液，或酒精，或发酵豆腐水，可诱杀成虫。

利用苹小卷叶蛾性诱剂：性诱剂即可作预报又可诱杀成虫，也可以利用趋光性装置黑光灯诱杀成虫。

b. 释放赤眼蜂。人工释放松毛虫赤眼蜂：用糖醋液或苹小卷叶蛾性诱剂诱捕器以监测成虫发生期数量消长。自诱捕器中出现越冬成虫之日起，第四天开始释放赤眼蜂防治，一般每隔 6 d 放蜂一次，连续放 4～5 次，每公顷放蜂约 150 万头。

c. 药剂防治。在越冬代出蛰盛期和第一代幼虫初期喷药防治，常用药剂及浓度：100 亿活芽孢/g 苏云金杆菌乳剂 200～400 倍液，青虫菌、除虫脲 1 号 1 000 倍液，25%灭幼脲悬浮剂3 号1 000～1 500 倍液，20%虫酰肼胶悬剂 2 000 倍液等。

（8）金龟子类 危害李的金龟子类主要有黑绒鳃金龟、苹毛丽金龟、铜绿丽金龟子、小青金龟甲、白星金龟子 5 种。

① 危害特点。黑绒腮金龟甲、苹毛金龟甲和小青金龟甲均以成虫咬食李树的芽、花蕾、花瓣及嫩叶，发生严重时常将花器或嫩叶吃光，影响果树的产量和树势。铜绿金龟子以成虫咬食果树叶片，严重时可将叶片吃光，仅剩叶脉和叶柄，尤其对苗圃和幼龄果树伤害更大。白星金龟子以成虫啃食果肉，形成虫疤。

② 发生规律。

黑绒鳃金龟：一年发生1代，以成虫在土壤中越冬，翌年3月下旬开始出土，先在发芽较早的杂草上或杨、柳、榆树上取食幼芽、嫩叶，待果树发芽后，大量转移到果树上咬食幼芽、嫩叶和花蕾。李落花后成虫开始入土产卵，幼虫孵化后，在地下取食植物幼根、幼虫，成熟后在地下做土室化蛹，蛹期10 d左右，羽化后的成虫潜伏土中越冬。

苹毛丽金龟：一年发生1代，以成虫在土中做蛹室越冬，翌年4月上中旬果树萌芽时开始出蛰，先在果园周围的榆、柳等树木上危害，待果树开花时，迁移至果树上危害，啃食花蕾和花，取食花丝和柱头，严重时将花和嫩叶全部吃光。苹果落花后，成虫开始入土产卵，幼虫孵化后取食植物根茎，秋季化蛹。成虫羽化后，当年不出土，在蛹室内越冬。

铜绿丽金龟子：一年发生1代，以3龄幼虫在土中越冬，翌春土壤解冻后，越冬幼虫开始危害农作物及杂草的根，6月初成虫开始出土，6月上旬至7月中旬是成虫危害盛期。6月中旬成虫开始产卵，多产在豆科植物地里，幼虫孵化后取食根部，3龄以后在土中下移越冬。

小青金龟甲：一年发生1代，以成虫在土内越冬，翌年李树开花时，成虫大量出现，群集危害花序。6月上旬后成虫数量逐渐减少。

白星金龟子：一年发生1代，以幼虫在土内越冬，5月上旬以后园内出现成虫，6～7月为发生盛期，一般于6月中旬后李膨大期受害最重，成虫喜食成熟的果实，常数头或10余头群集在果实上取食，将果面咬成深洞。卵产在土中或粪堆里，幼虫专食腐殖质，秋后陆续越冬。

③ 防治方法。

a. 人工捕杀。金龟子有假死性，可于清早敲击树干将其振落后捕杀。

b. 诱杀。黑绒鳃金龟、苹毛丽金龟、铜绿金龟子成虫有趋光性，用黑光灯诱杀。小青金龟甲、白星金龟子有趋化性，可用糖醋液诱杀。

c. 水坑诱杀法。在金龟子成虫发生期间，在果树行间挖一个长 80 cm、宽 60 cm、深 30 cm 的坑，坑内铺上完整无漏水的塑料布，坑内倒满清水，每 667 m^2 挖 6～8 个同样无渗水的坑。夜间坑内水面因光反射较为明亮，金龟子纷纷飞入水坑中。第二天清晨可将其捕杀。

(9) 刺蛾类

① 危害特点。危害果树的刺蛾主要有黄刺蛾、青刺蛾、扁刺蛾等，这些害虫均以幼虫危害叶片，被害叶片残缺不全，严重时可将叶片吃光，只留叶柄。寄主范围：苹果、李、桃、枣、山楂、杨、柳等。

② 发生规律。

黄刺蛾：北方果区一年发生 1～2 代，以老熟幼虫在小枝杈、主侧枝以及树干的粗皮上结茧越冬，翌年 5 月在茧内化蛹，越冬代成虫于 5 月下旬羽化，成虫产卵于叶片背面，卵期 7～8 d。第一代成虫于 6 月中旬羽化，幼虫危害盛期在 7 月下旬；第二代成虫于 7 月底发生，幼虫危害盛期在 8 月上中旬；9 月幼虫老熟后结茧越冬。

青刺蛾：北方果区一年发生 1 代，以老熟幼虫结茧在浅土层或树干上越冬，翌年 5 月中下旬开始化蛹，成虫于 6 月上中旬开始羽化，成虫产卵于叶背，单雌产卵 150 余粒，幼虫于 6 月上旬至 9 月发生，8 月是危害盛期。8 月下旬至 9 月下旬幼虫陆续老熟下树结茧越冬。

扁刺蛾：北方果区一年发生 1 代，以老熟幼虫在寄主树干四周土中结茧越冬，越冬幼虫于 5 月中旬化蛹，6 月上旬开始羽化为成虫，成虫卵散产在叶片正面，幼虫于 6 月中旬至 8 月上旬发生，危害盛期在 8 月中下旬，8 月下旬开始入土结茧越冬。

③ 防治方法。

a. 人工防治。结合树盘翻土、果树修剪，清除在树干基部周围表土内结茧越冬的青刺蛾、扁刺蛾，剪摘黄刺蛾的越冬茧；成虫发生期利用灯光诱杀；幼虫在群栖危害时，随时检查摘除虫叶，消灭幼虫。

b. 保护利用天敌。于黄刺蛾成虫羽化前摘除越冬茧，将已被青蜂寄生的茧放入阴凉处铁沙笼中，待其羽化时，放回园中，能较好地控制黄刺蛾的危害。

c. 药剂防治。幼虫发生期喷药防治，常用药剂及浓度：喷25%灭幼脲3号胶悬剂1 500倍液，20%杀铃脲悬浮剂6 000～8 000倍液。还可利用黄刺蛾核型多角体病毒喷洒防治3～4龄幼虫。

(10) 美国白蛾

① 危害特点。主要以幼虫危害叶片，低龄幼虫吐丝结网，常有数百头幼虫群集网内食尽叶肉，仅留表皮，有的亦可将叶片吃光。5龄以后分散危害。

② 发生规律。一年发生2代，在树干老粗皮下，树下落叶和地面上结茧化蛹越冬，翌年5月上旬出现成虫。全年幼虫危害盛期：第一代6月中旬至7月下旬，第二代8月中旬至9月下旬。一般于9月上旬开始化蛹越冬。

③ 防治方法。

a. 封锁疫区，严格执行检疫制度。严禁从疫区调运苗木、水果等。

b. 人工防治。清除果园杂草、落叶、砖石等，及时清除卵块及幼虫网幕，集中杀死。幼虫老熟时，在树干近地面1 m处束草把，诱集幼虫化蛹，集中消灭。

c. 保护利用天敌。卵的天敌有松毛虫赤眼蜂、草蛉和瓢虫幼虫等；幼虫天敌有绒茧蜂、金小蜂、蜘蛛、步甲、核型多角体病毒等。

d. 药剂防治。常用药剂及浓度：20%灭幼脲1号悬浮剂或25%灭幼脲3号悬浮剂2 000倍液、20%杀铃脲悬浮剂6 000～

8 000倍液。

(11) 桑天牛

① 危害特点。成虫危害嫩枝、皮和叶，幼虫在枝干的皮下和木质部蛀食，隧道内无粪屑，隔一定距离向外蛀一通气排粪孔。

② 发生规律。北方果区 2～3 年发生 1 代，以幼虫在隧道内越冬。李萌动后开始危害，落叶时休眠越冬。幼虫经过 2 或 3 个冬天，于 6～7 月老熟，在隧道内两端填塞木屑筑蛹室化蛹，羽化后于蛹室内停 5～7 d 后，咬羽化孔钻出。7～8 月为成虫发生期，成虫经 10～15 d 开始产卵，每雌虫可产卵 100～150 粒，产卵约 40 d。卵期 10～15 d，卵孵化后于韧皮部和木质部之间向枝条上方蛀食约 1 cm，然后蛀入木质部内向下蛀食，稍大即蛀入髓部。

③ 防治方法。

a. 人工捕杀。天牛成虫有假死性，早晨或雨后摇动树干，将其振落在地面后杀死。

在成虫产卵及幼虫孵化初期（7～8 月），用小刀将产卵槽内卵及初孵幼虫杀死。

结合修剪剪除掉虫枝，集中处理。

b. 树干涂白，防止成虫产卵。在成虫大量羽化前（6 月上中旬）进行树干涂白。配方：5 kg 石灰、0.5 kg 硫黄、20 kg 水混合搅拌均匀。

c. 熏杀幼虫。幼虫在隧道内活动时，向排粪孔内注射 20%氨水熏杀幼虫。具体方法为：先用铁丝清除最下面排粪孔的虫粪；注射后用黄泥堵塞所有排粪孔，可将幼虫全部杀死。或掏净粪便或木渣后，往孔内塞 3～5 粒樟脑丸碎粒，然后用黄泥封口，以防漏气，7～10 d 后检查一次，若仍有新的粪便或新嚼的木渣，按上述方法再进行一次。

(12) 桃红颈天牛

① 危害特点。幼虫蛀食桃树皮层和木质部，喜于韧皮部和木质部间蛀食，向下蛀弯曲隧道，内有粪屑，隔一定距离向外蛀一排粪孔，致树势衰弱或枯死。

② 发生规律。北方果区2～3年发生1代，幼虫在韧皮部和木质部之间虫道内越冬。翌年4月又开始活动危害，到第二至三年5～6月，幼虫老熟化蛹，经20～25 d羽化为成虫。成虫在蛀道中停3～5 d出树，交尾后在树皮缝中产卵，卵期7～9 d，单雌产卵40～50粒，幼虫孵化后在皮下蛀食。

③ 防治方法。

a. 人工防治。成虫发生期，人工捕捉成虫，或用糖醋液（糖∶醋∶酒∶水=1∶1.5∶0.5∶16）诱杀。发现虫蛀树后，用铁丝清除最下面排粪孔的虫粪，往孔内塞3～5粒樟脑丸碎粒，然后用黄泥封口，以防漏气，7～10 d后检查一次，若仍有新的粪便和新嚼的木渣，按上述方法再进行一次。

b. 树干涂白。成虫产卵期在树干上涂刷石灰、硫黄混合涂白剂（生石灰10份∶硫黄1份∶水40份）以阻止成虫产卵。

c. 生物防治。春季开始排粪期，向洞内施浓度为2.5万条/mL昆虫病原线虫，可有效预防天牛危害。

（八）果实采收、分级与包装

1. 果实采收

李果实的品质、风味和色泽是在树上发育形成的。因此，要根据李果成熟度适时采收，不宜采收过早或过晚。过早采收，着色不好，味淡，影响品质；过晚采收，果肉变软，不利于运输销售。采收时期应根据果实的品种特点。李果的成熟可分以下3种：

(1) 可采成熟度　是指果实已经完成生长和各种化学物质的积累过程，果实充分肥大，开始呈现出本品种成熟时应有的色泽、风味，果实肉质紧密，采后在适宜条件下可自然完成后熟过程。这时采收可用于贮藏、加工罐头、蜜饯、果脯、李干和远距离运输及市场急需。红色李果此时着色占全果1/3～1/2，黄色李果稍变成淡黄色。

（2）食用成熟度 是指果实在生理上已充分成熟，具有本品种固有的色、香、味，营养价值最高，风味最好，是鲜食的最佳时期。这时采收，除在当地销售供鲜食外，也适于加工果汁、果酒、果酱，不适于长途运输或长期贮藏。红色李果此时着色约占全果的4/5，黄色李果全果变成淡黄色。

（3）生理成熟度 是指李种子充分成熟，果肉开始软绵，品质下降，营养价值大大降低。这时采收，一般只作采种用，有时也可制作果汁、果酒，不被用来贮藏和运输。

李果的采收前10～15 d不宜大量浇水、施用氮肥及喷农药。可以对李果喷布0.8%氯化钙溶液，使李果相对较耐贮运。采收时间最好选阴凉天气或晴天无露、无雾的早晨或傍晚。采收时用手握住李果，手指按着果柄与果枝连接处，稍用力扭动或向上轻托，使果实与树枝分离。

采收时应注意，按不同品种和成熟期分批进行，做到熟一批采一批；采收顺序应先下后上、先外后内，以免碰落果实；果实要轻拿轻放，严禁损伤；果实要带有果柄，并保持果面的蜡粉；顺便将病虫果、腐烂果及机械损伤果挑出；采后将李果放于荫凉通风处，避免在阳光下暴晒；要保护好果枝，确保翌年产量。

采摘时动作要轻，避免折断果枝；对果实要轻拿轻放，避免刺伤、碰伤。所用的筐箱要用软质材料衬垫。采摘下的果实应及时运往包装场进行分级包装。绝大多数李品种果实成熟期不一致，为了保证果个整齐、果肉硬度一致和果实着色均匀，要进行分期采收，成熟一批采收一批。

2. 果实分级

（1）李果外观等级标准 见表1－5。

表 1-5　李果实外观等级规格指标

项目		等级		
		特等果	一等果	二等果
基本要求		果实达到采摘成熟度，具有本品种成熟时应具有的色泽，完整良好、新鲜洁净，无异味、无不正常外来水分、无裂果		
果形		端正		比较端正
单果重（g）	特大型果	≥160	≥150	≥140
	大型果	≥130	≥120	≥100
	中型果	≥100	≥90	≥70
	小型果	≥70	≥60	≥40
	特小型果	≥40	≥30	≥20
果面缺陷	磨伤	无		允许有面积小于 0.5 cm^2 轻微摩擦伤一处
	日灼	无		允许有轻微日灼，面积不超过 0.4 cm^2
	雹伤	无		允许有轻微雹伤，面积不超过 0.2 cm^2
	虫伤	无		允许有干枯虫伤，面积不超过 0.2 cm^2
	病伤	无		允许有病伤，面积不超过 0.1 cm^2
	容许度	不允许		不超过 2 项

（2）李果理化等级指标　包括可溶性固形物含量、可滴定酸含量、维生素 C 含量、固酸比 4 个理化指标，具体应符合表 1-6 规定。

表 1-6　鲜李果品质理化指标

项目	等级		
	特等果	一等果	二等果
可溶性固性物含量（%）	≥15.0	≥14.0	≥12.0
可滴定酸含量（%）	≤0.97	≤1.15	≤1.25
每 100 g 果实维生素 C 含量（mg）	≥7.50	≥7.41	≥6.60
固酸比	≥2.00	≥1.89	≥1.82

3. 果实预冷、包装和运输

（1）果实预冷 李果采收正值高温季节，采后果实温度高，呼吸旺盛，应立即预冷降温，减少养分损耗，便于贮运。遇阴雨天应搭棚防雨，防止果实腐烂。在远销和贮藏前，要将果实预冷到4 ℃。预冷方法：在冷库中进行，如采用鼓风冷却系统更有利于降温，风速越大，降温效果越好。或用0.5～1.0 ℃的冷水进行冷却。或用真空冷却或冰冷却等。

（2）包装 李果包装用于长期贮藏和长途运输，应用特制的瓦楞纸硬壳箱，箱内分格，一果一纸单独摆放，每箱净重5～10 kg。为了方便市场，直接转入消费者手中，还可进行小包装，以减少中间环节。如短期贮藏或市场较近，销售又快，就可以用塑料周转箱，每箱净重10～20 kg。应尽量减少和避免使用筐装李果，以免碰伤果实，造成损失。

（3）运输 李果的运输工具最好具备冷藏设施。

① 运输车辆洁净，不带油污及其他有害物质。

② 装卸操作轻拿轻放，运输过程中尽量快装、快运、快卸，并注意通风，防止日晒雨淋。

③ 运输温度控制在0～7.2 ℃（视成熟度与运输距离而定）。如果使用不具冷藏设施的普通汽车运输，应避开炎热的天气，以夜间行车为好；如果使用不带制冷设备的保温汽车，可在车内放些冰块，以利降温，使车内保持接近于0 ℃的水平。力求做到当日采收、当日预冷、当日运输。

二、杏

（一）优新品种

1. 优良品种

（1）巴旦水杏 农家品种，产于山东泰安市郊区麻塔、下港、山口一带。

果实扁圆形，顶部圆，腹部突出，缝合线宽而明显，两侧对称，梗洼浅。平均单果重 62 g，最大可达 97 g。果皮浅绿黄色，果肉淡黄色，肉质细软，汁液多，纤维少，可溶性固形物含量 15% 左右，味甜，有浓香，品质上等。离核，甜仁，种仁饱满。原产地 6 月上中旬成熟，果实发育期 70 d 左右。宜鲜食，不耐贮运。

树势强旺，树体高大；幼树枝条直立，成龄树开张。萌芽力强，成枝力弱，冠内枝条较稀疏，层性明显。以短果枝结果为主，花期早，自花不实，成年树雌蕊退化率 43%。栽后 3 年结果，较丰产。适应性强，平地、丘陵地栽培表现均好。

（2）红荷包杏 地方品种，产于山东济南市南郊山区。

果实椭圆形，顶端微凹，缝合线明显，梗洼狭；平均单果重 45 g，最大可达 70 g；果皮底色黄，阳面红色；果皮厚，不易剥离；果肉淡黄色，汁液较少，肉质韧，稍粗，纤维中多，可溶性固形物含量 10%～13%，味甜酸，香气浓，品质上等；离核，苦仁。原产地 5 月底 6 月初成熟，果实生育期 56 d 左右，属极早熟杏，宜鲜食。

树势强壮，树姿开张。枝条粗壮，萌芽力与成枝力均强。冠内枝条较密，层性不明显。以短果枝结果为主，开花稍晚，花期稍长，自花不实，成年树雌蕊退化花率50%以上。定植后3年结果，较丰产。适应性强，抗病虫，果实虫害较少。喜温暖阳坡地或丘陵地土层较厚的条件下栽培。

（3）二花曹杏 属华北生态型品种。原产于山东省肥城市安庄中江村。

果实短椭圆形至球形，稍扁，缝合线较明显。果较小，平均单果重35 g，最大可达60 g，果皮、果肉均为黄色，粘核至半粘核，苦仁，肉质中细，软，纤维较多，酸甜可口，有香气，品质中等，可溶性固形物含量13%，每100 g含维生素C 6.2 mg，果胶含量0.96%，蛋白质含量0.72%。果实成熟早，在当地为6月初，耐贮藏运输。

树体健旺，树姿较开张。萌芽率高，成枝力中等，枝条细长，分布疏散而均匀，通风透光性好。果实主要分布在二至三年生枝的中下部及短枝上。早果性好，幼树定植后翌年即可开花。丰产稳产。成年树雌蕊退化花占48%左右，自然坐果率3%～5%，自花不实，需配置授粉品种。适于山丘地区栽培。

（4）骆驼黄杏 地方品种，原产于北京市门头沟区龙泉务村。

果实圆形，果顶平圆，微凹，缝合线明显，两半部对称；平均单果重50 g，最大可达78 g；果皮底色橙黄，阳面着暗红色晕，果肉橙黄色，肉质软，纤维中多，汁液多，味酸甜，可溶性固形物含量11.5%，总糖含量6.7%，可滴定酸含量2.04%，品质上等；半粘核，甜仁，不饱满。6月初成熟，果实生育期55～58 d，较耐贮运，为极早熟鲜食杏。

树姿半开张，树势强壮。枝条粗壮，萌芽力、成枝力均强。定植翌年见果，以短果枝和花束状果枝结果为主，雄蕊败育率78%左右，自花不实，需配置授粉品种。果枝连续结果能力强，生理落果中等，采前落果轻，丰产稳产。适应性强，抗寒，抗旱，耐瘠薄，抗病虫能力强。

（5）仰韶黄杏 又名鸡蛋杏、响铃杏，产于河南省渑池县。

果实卵圆形，果顶平，微凹，缝合线浅，两半部不对称，梗洼深广；果实大型，平均单果重 89 g，最大可达 130 g；果皮底色黄白，阳面着红色晕，具紫褐色斑点；果肉金黄色，近核处黄白色，肉质细韧、致密，富有弹性，纤维少，汁液多，甜酸爽口，可溶性固形物含量 14%，香气浓，品质极上等。离核，苦仁。花期稍晚，果实产地 6 月中旬成熟，果实发育期 70～80 d。较耐贮运，常温下可贮存 7～10 d，加工性能较好，为优良的鲜食加工兼用品种。

树势健旺，树姿半开张。萌芽力、成枝力均强，以短果枝结果为主。早果，定植后 3 年结果，丰产稳定。雌蕊败育率较高，自花不实，需配置授粉树。适应性与抗逆性强。

(6) 泰安水杏 地方品种，产于山东泰安市麻塔、下港一带。

果实圆形，果顶圆，缝合线明显，梗洼浅；果实大型，平均单果重 70 g，最大可达 90 g 以上；果皮较薄，淡黄色，阳面具淡红色晕，洁净美观；果肉淡黄色，肉质细软，纤维少，汁特多，味甜，具芳香，可溶性固形物含量 15%左右，品质上等；离核，苦仁。在山东泰安地区 6 月上中旬成熟，果实发育期 75 d 左右。不耐贮运，为优良鲜食、制汁兼用品种。

树势强壮，树姿开张。萌芽力强，成枝力中等，幼树生长旺盛，生长量大，易分生二次枝，枝条直立，结果后长势缓和，树姿变开张。以短果枝结果为主，雌蕊败育率较高，自花不实，需配置授粉品种。早果性较好，定植后第三年结果，较丰产。适应性与抗逆性较强。

(7) 红玉杏 又名红峪杏、大峪杏、金杏，产于山东省济南市历城、长清一带。

果实椭圆形，果顶平，微凹，缝合线明显，梗洼深；果实大型，平均单果重 80 g，最大可达 105 g；果皮厚，不易剥离，果面橘红色，阳面具少量红色晕，美观；果肉橘红色，肉质细韧，纤维少，汁液多，味酸甜爽口，具芳香，可溶性固形物含量 15.9%左右，品质上；离核，苦仁。产地 6 月上中旬成熟，果实发育期 70 d 左右。耐贮运，为优良鲜食、加工兼用品种。

树势强壮，树姿半开张。萌芽力强，成枝力中等。幼树生长旺盛，枝条较直立。以短果枝结果为主，连续结果能力强，成龄树雌蕊败育率 69%，自花不实。早果性较好，定植第三至四年结果，丰产。喜土层深厚肥沃地栽培，旱薄地栽培产量低。花期易受早春晚霜危害，产量不稳定。易感叶斑病。

（8）华县大接杏 地方品种，产于陕西华县。

果实扁圆形，果顶微凹，缝合线浅，较明显；果实大型，平均单果重 84 g，最大可达 150 g；果面淡黄色，阳面具紫红色斑点；果肉橙黄色，肉质细软，汁液多，味甜，具芳香，可溶性固形物含量 12%～15%，品质上等；离核，甜仁。产地 6 月上中旬成熟。较耐贮运。

树势较强，树姿开张。萌芽力强，成枝力弱，冠内枝条稀疏，层性明显。以短果枝结果为主，雌蕊败育率 40%，自花不实。早果性较好，定植后第三至四年结果，丰产。喜土层深厚的土壤栽培，抗逆性较强。

（9）邹平水杏 产于山东邹平市南部山区。

果实倒卵圆形；平均单果重 56 g，最大可达 74 g；果皮黄色，果肉橘黄色，汁液较多，肉软而细，味甜，香气较浓，可溶性固形物含量 9.4%；离核，仁苦。当地 6 月中旬成熟，品质上等，较丰产，是较好的中早熟鲜食品种，兼可加工杏脯、杏酱。适应性较强。

树势强，较开张，树冠圆头形。萌芽力强，成枝力中强，冠内枝条较多，层性较明显。枝中粗，节间较短，叶柄痕部稍突起。栽后 3～4 年见果，5～6 年开始大量结果。成年树雌蕊退化花 46%以上，自然坐果率 4.3%，自花不实。宜土层较厚的温暖山坡地栽培。

（10）四月红杏 产于山东邹平市山区，零星分布。

果实圆形；平均单果重 49 g，最大可达 66 g；果皮薄，淡黄白色，阳面鲜红色，外观艳丽，果肉乳白色，汁液多，肉软而细，味甜，浓香，可溶性固形物含量 8.9%；离核，仁苦。当地 6 月中旬成熟，品质上等，较丰产，是外观、口味优良的鲜食品种。皮薄肉软，不耐运，在城郊及交通便利地区栽培发展。

树势开张，树冠半圆形。萌芽力强，成枝力较弱。冠内枝条较稀疏，层性较明显。枝较粗，节间短，叶柄痕部突出。栽后3～4年结果。成年树雌蕊退化花50%以上，自然坐果率3.5%，自花不实。喜土层较厚的阳坡地栽培。

(11) 水蜜杏 产于山东青岛市郊区崂山。

果实倒卵形至近圆形；平均单果重61 g；果皮淡黄绿色，完熟后皮薄易剥离；果肉乳黄色，肉软多汁，甜香味较平淡，纤维中多，可溶性固形物含量8.6%；半离核，仁甜。品质中上等，6月中下旬成熟。因果实皮薄肉软，不耐远运，适于在交通便利的市郊适当发展。

树势强旺，树姿开张。萌芽力强，成枝力弱。树冠枝条稀疏，层性明显。枝粗，节间短，节部叶柄痕处膨大突起。栽后4～5年开始结果。成年树雌蕊退化花40%左右，自然坐果率3.4%，自花不实。抗风力强，落果轻，病虫害少。宜土层较深厚的坡地和丘陵地栽培。

(12) 五莲大接杏 产于山东五莲县五莲山下，零星分布。

果实近圆形，果顶平；平均单果重100 g左右，最大可达160 g；果皮黄色，阳面有红彩；果肉浅黄色，肉软多汁，香甜，味浓，纤维较多，可溶性固形物含量9.3%，品质上等；半离核，仁苦。当地6月下旬成熟，属优良的鲜食品种。因成熟期果顶部易裂，不耐远运，适宜城郊及距市场较近的地方适当发展。

树势中强，树姿半开张，树冠圆头形。萌芽力弱，成枝力中等。树冠内枝条较稀疏，层性较明显。枝中粗，节间中长，节部叶柄痕部稍突起。栽后4～5年开始结果，产量中等。成年树雌蕊退化花50%，自然坐果率2.4%，自花不实。宜土层深厚花期温暖的山坡地栽培。

(13) 崂山红杏 偶然实生，1980年经崂山区李村果树站选出，定名为崂山红杏。

果实椭圆形，果顶略凹陷。平均单果重50 g，最大可达65 g；果皮黄色，阳面鲜红色，外观美；果肉橙黄色，质较韧而细，果汁中多，酸甜，有香味，纤维少，可溶性固形物含量10.4%；离核，品质中上。当地 6 月下旬成熟，早果性和丰产性强，适应性较强，属鲜食、加工兼用品种。

树势强壮，树姿较开张，树冠圆头形。萌芽力强，成枝力中等；树冠内枝较多，层性较明显。枝较粗，节间较短，节部叶柄痕处稍膨大突起。当地 4 月上旬开花，成年树雌蕊退化率 30%左右，自花不实。

（14）大关爷脸杏 又名大红杏，产于山东青岛市郊崂山。

果实偏卵圆形；平均单果重 58 g，最大可达 70 g；果皮橘黄色，阳面浓红鲜亮，外观艳丽；果肉橙黄色，质细而韧，果汁中多，味甜浓香，纤维少，可溶性固形物含量 12%以上，品质上等；离核，仁苦。当地 6 月下旬成熟，果皮较厚，耐运。属鲜食、加工兼用良种。

树势较强，树姿半开张。萌芽力和成枝力均较强。树冠内枝较多，层性尚明显。枝较粗，节间较长，节部叶柄痕处膨大不明显。栽后 4～5 年开始结果，较丰产，当地 4 月上中旬开花，成年树雌蕊退化花率 71%，自花不实。喜土层深厚的丘陵和坡地，瘠薄地上落果重，产量低。

（15）红金臻杏 产于山东招远市大户陈家镇、蚕庄镇，零星分布。

果实近椭圆形；平均单果重 60 g；果皮较厚，橘黄色，阳面红色，有光泽，外观鲜美；果肉橙色，肉质较韧而细，汁液中多，味甜，香气浓郁，可溶性固形物含量 14.3%，品质上等；离核，仁甜。耐运，属鲜食、加工、杏仁三用的优良品种，较丰产。

树势强旺，树姿较开张，树冠圆头形。萌芽力强，成枝力中等，树冠内枝较多，层性较明显。枝较粗，节间中长，节部叶痕处膨大突起较明显。栽后 4 年开始见果。当地 4 月中旬盛花，成年树雌蕊退化花率 40%，自花不实。喜温暖土层厚的坡地栽培。

（16）苍山杏梅 产于山东兰陵县鲁城、文峰一带。

果实圆形，果顶圆，微凹，缝合线浅、窄，两半部对称；平均单果重 50 g，最大可达 82 g；果梗粗短，梗洼狭；果实底色黄，阳面具浓红色晕，果粉厚，有光泽，外观极美；果肉黄色，肉质细韧，汁液中多，味酸甜爽口，芳香味浓，含糖量极高，可溶性固形物含量 15.0%，品质上等；粘核，核卵圆形。产地果实 6 月下旬成熟，较耐贮运，为鲜食、加工兼用品种。

树势健旺，树体高大，树姿半开张。幼树生长量大，结果后树势中庸，萌芽率高，成枝率低。冠内枝条中密，潜伏芽萌发力弱。以杏作砧木表现好，定植后 3～4 年始果，以短果枝和花束状果枝结果为主，完全花比率高，坐果率高，丰产稳产。

(17) 龙廷杏梅 地方品种。选自山东新泰市龙廷镇掌平洼村。

果实近圆形；平均单果重 47.5 g，最大可达 90 g；成熟时果面金黄色，阳面略带红色晕，果面光滑，有光泽，无果粉，无茸毛；果肉金黄色，肉质细，较韧，汁液中多，酸甜适口，有香气，可溶性固形物含量 11.5%，品质上等；果核中小，半离核。在产地果实7 月上旬成熟，耐贮运，常温下贮藏 10～12 d，适于远运。鲜食、加工兼用。

树势健旺，树姿较开张。萌芽力、成枝力均强。冠内枝条多，层性明显。各类果枝均能结果，幼树期以中长果枝结果为主，成龄树以中短果枝结果为主，幼树定植后 3 年结果。复芽多，自花结实率高，丰产。适应性广，抗逆性强，抗寒、抗旱，花期抗晚霜能力强。抗病虫能力强。

2. 仁用杏品种

(1) 一窝蜂 又名次扁、小龙王帽，主产于河北省涿鹿县。

果实长扁圆形，果顶较龙王帽尖，基部有 3～4 条沟纹，缝合线浅；单果重 10～15 g；果面黄色，阳面有红色斑点；果肉薄，酸涩，纤维多，汁液少，成熟后沿缝合线自然裂开，不宜生食，可制干；离核，出核率 35%～40%，甜仁，平均仁重 0.62 g，每千克约 1 620 粒，出仁率 30%～35%，仁香脆，粗脂肪含量 60%，品质优。产地果实 7 月中下旬成熟，发育期 90 d 左右。

树势强健，萌芽力、成枝力均强，树冠内枝条较密，细长柔软。旱薄山地栽培，树体较矮小。苗木栽后翌年见果，成花易，花期早，各类果枝均结果良好，各类结果枝坐果率均高，进入盛果期以中短果枝和花束状果枝结果为主，内外结果，极丰产，稳产。适应性、抗逆性强，抗寒、抗旱、耐瘠薄。

（2）龙王帽 又名大扁、王帽、大扁仁、大王帽。主产于北京门头沟、怀柔、延庆、房山等地，河北涿鹿、怀来、涞水等地也有栽培。

果实长扁圆形，缝合线深而明显；单果重20～25 g；果面黄色，阳面微有红色晕；果肉薄，软，纤维多，汁液少，味酸，不宜鲜食，可制干；离核，核大，单核重约2.9 g，出核率22%，甜仁，仁肥大，香脆，出仁率30%以上，单仁平均重0.83～0.9 g，每千克约620粒，为仁用杏中粒形最大者之一，蛋白质含量23%以上，粗脂肪含量58%以上。产地果实7月中下旬成熟，发育期90 d左右。

树势强健，幼树生长旺盛，成形快。苗木栽后2～3年结果，以中短果枝和花束状果枝结果为主。花期早，雌蕊败育率较高，自花结实率较低，需配置授粉品种，丰产性较强，大小年结果现象不明显。适应性强，耐寒、耐旱，对土壤要求不严格，耐瘠薄土壤，宜在山区发展。

（3）串角磙子杏 产于山东青州、临朐一带。

果实卵圆形，极小型，平均单果重14.3 g；果皮黄色；果肉橘黄色，肉质较硬而细，汁液少，甜酸，有香味，可溶性固形物含量12%；离核，仁甜、芳香、饱满，仁质好，出仁率38.5%。极丰产，7月中旬成熟，是采仁、制干兼用优良品种。适应性强，抗旱耐瘠薄，适宜山区发展。

树势强，半开张，树冠圆头形。萌芽力强，成枝力弱，树冠内枝稀疏。枝较细，节间较长，节部叶柄痕处膨大不明显。

（4）绵磙子杏 产于山东青州，以王坟乡南道村较集中分布。

果实椭圆形，极小型，平均单果重8.6 g；果皮黄色；果肉橘黄色，质硬，汁液少，甜酸，可溶性固形物含量11.5%；离核，仁甜而香，出仁率37.3%。极丰产，7月中旬成熟，是优良的仁用品种。

树势强，开张，树冠圆头形。萌芽力、成枝力均强，树冠内枝较密。枝较细，节间较长，节部叶柄痕处膨大突起不明显。适应性强，抗旱耐瘠，适于山区发展。

（5）小榛子杏 产于山东青州、临朐山区。

果实近圆球形，极小型，平均单果重15 g，最大可达18.5 g；果皮黄色；果肉橘黄色，肉质较软，酸甜，有香味，汁液较少，可溶性固形物含量11.7%；离核，仁大而饱满，富香味，出仁率34.7%。丰产，6月下旬成熟，是优良的仁用品种。

树势中庸，树冠开张，半圆形。萌芽力强，成枝力弱，树冠内枝较稀疏。适应性强，抗旱耐瘠，适于山区发展。

（6）国仁 辽宁省果树研究所选育的一窝蜂株选优系。2000年通过辽宁省农作物品种审定委员会审定。

果实扁卵圆形，果顶圆，梗洼浅、窄；平均单果重14.1 g，果皮橙黄色，难剥离；果肉橙黄色，肉质松软，纤维多，汁少，味酸涩，成熟时果肉自行开裂，可溶性固形物含量7.0%；离核，核卵圆形，干核平均重2.4 g；甜仁，饱满，干仁平均重0.88 g，蛋白质含量27.5%，脂肪含量56.2%。在熊岳地区7月下旬果实成熟，果实发育期70 d左右。

树冠为自然圆头形，树姿半开张，树势中庸偏强。成枝率50.0%，萌芽率55.3%，自然结实率29.5%，以短果枝和花束状果枝结果为主。早果，丰产稳产。二至三年生开始结果，六至七年生即开始进入盛果期，八至十一年生年均株产果实51.3 kg、杏仁4.1 kg，比龙王帽品种分别增产5.3%和27.1%。在辽南熊岳地区，通常于3月下旬花芽萌动，4月中下旬开花。4月中下旬叶芽萌动，11月中旬落叶，树体营养生长期约120 d。

（7）丰仁 辽宁省果树研究所选育的一窝蜂株选优系。2000年通过辽宁省农作物品种审定委员会审定。

果实扁卵圆形，果顶圆平，缝合线深而宽；平均单果重13.2 g；

果皮和果肉均为橙黄色，果肉薄，味酸涩，汁极少；果肉与果核易分离，核卵圆形，核面光滑，干核重 2.2 g，出核率 16.4%；杏仁扁圆锥形，仁重 0.9 g，仁大饱满，香甜适口，出仁率高达 39.1%。适于加工成杏脯、杏酱和杏干。杏仁蛋白质含量 28.6%、脂肪含量 56.2%。果实 7 月中下旬成熟，发育期 90 d 左右。

树势中庸偏强，树姿半开张，树冠自然圆头形。主干粗糙，呈灰褐色。花白色、5～6 瓣，雌蕊长度大于或等于雄蕊的花朵比率较高。叶片阔卵圆形或近于圆形，叶面平展而呈绿色。叶缘整齐，有小而锐的单锯齿。叶基有较密的圆形锯齿，先端有短突尖。萌芽率 73.4%，成枝率 42.6%，自花结实率 2.4%，自然结实率 39.8%，以花束状果枝和短果枝结果为主，早果，丰产稳产，二年生开始结果，五至六年生进入盛果期。树体的抗旱、抗寒、抗风、抗病和抗虫能力较强。

(8) 超仁 为辽宁省果树研究所选育的龙王帽株选优系，原产河北涿鹿。1998 年通过辽宁省品种审定委员会鉴评并命名。

果实扁卵圆形，果顶圆、凸，缝合线浅、明显，梗洼中深；平均单果重 16.7 g，最大可达 24 g；果皮橙黄色，较厚，难与果肉剥离；果肉橙黄色，肉薄，肉质粗，汁极少，味酸涩，成熟时果肉自然开裂；离核，核卵圆形，核面光滑，壳薄，出核率 18.5%，干核平均重 2.2 g；仁甜，饱满，干仁平均重 0.96 g，蛋白质含量 26.0%，脂肪含量 57.7%，出仁率 41.1%，仁大，味甜，质优。在辽宁 7 月下旬果实成熟，发育期 90 d 左右。

树冠中庸，树姿半开张，树冠自然圆头形。萌芽率 55%，成枝率 20%。主干粗糙，灰褐色。一年生枝红褐色，有光泽。叶片圆形，基部楔形，抗旱、耐寒、抗风，适应性强。丰产。自花结实率 4%，自然结实率 33%。

(9) 油仁 为辽宁省果树研究所选育的一窝蜂株选优系，1998 年通过辽宁省品种审定委员会鉴评并命名。

果实扁卵圆形，果顶圆凸，缝合线中深，显著；平均单果重 13.7 g，最大可达 21.2 g；果皮橙黄色，难剥离；果肉橙黄色，肉薄，汁极少，味酸涩，成熟时果肉自然开裂；离核，核卵圆形，核面光滑，干核平均重2.1 g；仁甜，饱满，干仁平均重0.9 g，蛋白质含量23.2%，脂肪含量55.5%。在熊岳地区7月中下旬果实成熟，发育期90 d左右。

3. 国内新品种

（1）红丰 亲本为二花曹×红荷包，1995年育成品种。

果实近圆形，稍扁，果顶平，缝合线较明显，较深，两半部对称；果实较大，平均单果重56 g，大果重70 g；梗洼圆形，中深，果面光亮，果皮底色黄色，2/3果面着艳丽的鲜红色，极美观；果肉橘黄色，肉质细，纤维少，汁液中多，具香味，味酸甜爽口，风味浓，品质上等，可溶性固形物含量14.89%；半离核，苦仁。极早熟，果实成熟期在山东泰安地区5月25日左右。

树势中庸，树冠开张，枝条自然下垂。萌芽率高，成枝力弱，二年生幼树或高接翌年就能开花结果，幼树以中长果枝结果为主，成龄树以短果枝结果为主。花期较晚，比巴旦水杏等品种晚5～8 d，败育花比率低（29.5%），具有自花结实能力，坐果率为4.5%，自然授粉坐果率高，可达22.3%，丰产性强。

（2）新世纪 亲本为二花曹×红荷包，为红丰的姊妹系，1996年育成。

果实卵圆形，果顶平，缝合线深而明显，两半部不对称；平均单果重68 g，最大可达90 g；果面光滑，果皮底色为橘黄色，外观极美；肉质细，香味浓，味酸甜，风味极佳，品质上等，可溶性固形物含量15.2%，离核，苦仁。果实成熟早，在泰安地区5月26日成熟。

树冠开张，枝条自然下垂，具有自花结实能力，开花晚，成熟早，自然授粉坐果率高于红荷包、巴旦水杏等。

（3）鲁杏3号 山东省果树研究所以金太阳杏和巴旦杏为亲本杂交选育的杏新品种。2017年2月通过山东省林木品种审定委员会审定。

果实椭圆形，梗洼深广，果顶平，缝合线浅，较明显，两半部对称；平均单果重 80 g，最大可达 97 g；果皮黄色、中厚，阳面着红晕，外观美丽；果肉金黄色，肉厚核小，可食率 96.35%，离核、仁甜、饱满，肉质细嫩，纤维少，汁液较多，可溶性固形物含量 12.90%，总酸含量 1.65%，每 100 g 果实含维生素 C 14.4 mg；具香气，品质上。较耐贮运，常温下可贮放 5～7 d。

树体强健，树姿开张；枝条平斜，不下垂。生长势较旺，萌芽力、成枝力较强。多年生枝皮面粗糙，暗灰色，一年生枝红色，节间平均长 1.75 cm。皮孔多、平，中大，灰白色，近圆形。嫩梢红色，叶片大而平展，椭圆形，长 10.21 cm，宽 7.60 cm；叶基心形；叶缘锯齿浅而钝；叶片基部有圆形蜜腺，中大；叶柄平均长 4.10 cm。花芽肥大，饱满；复花芽多，复花芽占 90%以上。中型花，花 5 瓣，花蕾期花瓣浅粉色，盛花期花瓣白色。

在山东泰安地区，3 月上旬花芽萌动，3 月下旬盛花期，花期 5 d 左右，与金太阳同期。果实 5 月中下旬开始着色，6 月初成熟，发育期约 66 d。属早熟杏品种。3 月下旬叶芽萌动，4 月上旬展叶，11 月上中旬落叶，年营养生长期约 210 d。

幼树生长势强旺，结果后形成大量中短枝和花束状果枝，趋向中庸。萌芽力、成枝力中等。各类果枝均能结果，以短果枝结果为主。完全花比率高，丰产稳产。果实成熟期一致，果梗短粗，着生牢固，采前不落果。早果性、丰产性较强，定植后翌年开花株率和结果株率均为 80%以上，栽植第四年平均株产 9.78 kg。适应性强，耐旱、抗寒、耐瘠薄，对土壤要求不严格，未发现有严重病虫危害，对细菌性穿孔病的抗性较弱于金太阳。

（4）鲁杏 4 号 山东省果树研究所以金太阳杏和巴旦杏为亲本杂交选育的杏新品种。2016 年通过山东省林木品种审定委员会审定。

果实椭圆形，梗洼深广，果顶平，缝合线明显，两半部对称；平均单果重 86.8 g，最大可达 107.4 g；底色黄色，阳面着红晕；果皮中厚，果肉金黄色，肉厚核小，可食率 95.2%，离核，仁甜，肉质细嫩，纤维少，汁液中多，可溶性固形物含量 11.4%，总酸含量 1.73%，每 100 g 果实含维生素 C 8.25 mg；具香气，品质上等。较耐贮运。

树势健壮，树姿半开张。多年生枝皮面粗糙，黄色；二年生枝黄棕色，粗糙；一年生枝绿色，阳面深红色，节间短，平均 1.45 cm；嫩梢绿色。叶片大，中厚，心形，表面光滑具光泽，先端突尖；叶缘锯齿中深而钝；叶柄红，平均长 4.13 m；叶片基部有圆形蜜腺。花芽肥大，饱满；复花芽多，复花芽占 95%以上。大型花，花蕾期花瓣浅粉色，盛花期花瓣白色。

在山东泰安地区 3 月上旬花芽萌动，盛花期 3 月下旬，花期持续 5～6 d。新梢始长期为 4 月 6 日，果实成熟期 6 月上旬，果实发育期 65 d 左右，与金太阳杏成熟期一致，属早熟杏品种。

树势中庸健壮，树体较紧凑；幼树生长较旺，萌芽力、成枝力中等，一年生枝短截后平均抽生 2～3 个长枝；枝条角度小。幼树当年生枝拉平缓放可形成大量短枝。各类果枝均能结果，以中、短果枝结果为主。易成花，花量大，坐果均匀，果实整齐度好，产量较高。早果性、丰产性较强，定植后翌年开花株率达 100%，栽植第四年平均株产 10.16 kg。

具有较好的适应性，抗旱、抗寒，耐盐碱力较强。

（5）鲁杏 6 号 山东省果树研究所以金太阳杏和巴旦杏为亲本进行杂交。2016 年通过山东省林木品种审定委员会审定。

果实椭圆形，梗洼深广，果顶稍凹，缝合线较浅，两半部对称；平均单果重 86 g，最大可达 102 g；底色黄色，阳面具红晕；果皮较厚，果肉金黄色，肉厚核小，可食率 96.0%，离核，仁甜，肉质细嫩，纤维少，汁液较多，可溶性固形物含量 12.5%；具香气，品质上等。较耐贮运。

树姿开张。多年生枝皮面粗糙；一年生枝红色，粗壮，节间平均长 1.79 cm；嫩梢红色。叶片中大，卵圆形；叶基圆形或截形；叶色深绿色，叶面光滑有光泽；叶先端突尖，叶缘锯齿中深而钝，较整齐；叶柄粗，呈红色；叶片基部有蜜腺 4 枚，圆形。花芽肥大，饱满；复花芽多，占90%以上。较大型花，花蕾期花瓣粉色，盛花期花瓣白色。幼树生长势强旺，萌芽力、成枝力强。各类果枝均能结果，以短果枝结果为主。早果性、丰产性强，定植翌年即开花，第四年平均株产15.41 kg。

在山东泰安地区3月上旬花芽萌动，盛花期3月下旬，花期持续5～6 d。新梢始长期为4月9日，果实成熟期为6月上中旬，果实发育期70 d左右，比金太阳杏晚3～5 d。具有较好的适应性，抗旱、抗寒，耐盐碱力较强。

（6）鲁杏5号 山东省果树研究所以金太阳杏和巴旦杏为亲本进行杂交。2017年通过山东省林木品种审定委员会审定。

果实椭圆形，果形端正，缝合线明显，梗洼浅广，果顶稍凹，缝合线中深；果实大，平均单果重97.0 g，最大可达118.3 g；果皮较厚，光滑，底色黄色，阳面着斑点状红晕；果肉金黄色，汁液丰富，酸甜可口，风味浓郁，可溶性固形物含量11.3%～13.6%；肉厚核小，可食率96.9%；离核，甜仁；耐贮运。6月中上旬果实成熟，果实生育期75 d左右。

树势强健，树姿开张；枝条平斜下垂，一年生枝棕红色。叶片大，卵圆形，叶柄长，叶基圆形，叶缘锯齿中深而钝。花瓣白色，多数5瓣，雌蕊1～2枚，完全花率90%以上。萌芽力中等，成枝力较强，长、中、短及花束状果枝均可结果，以短果枝结果为主。幼树结果早，栽后当年即能形成花芽，翌年坐果株率96%；早果性、丰产性较强，栽植第三年平均株产12.12 kg。适应性强，抗旱、抗寒，耐盐碱力较强。对细菌性穿孔病的抗性较金太阳略差。

适应范围广，对土壤、气候条件要求不严格，可在山东省及黄河流域其他地区种植。避开低洼地势，在背风向阳处建园，株行距（2～3）m×（3～4）m为宜。需配置授粉树。生长季注意防控细菌性穿孔病、疮痂病等。

（7）鲁杏1号 山东省果树研究所通过与美国开展合作育种，从杂种实生苗中自主筛选出的15份欧洲杏优系之一。2006年12月山东省林木品种审定委员会审定。

果实长圆形或椭圆形，梗洼深广，果顶稍凹，缝合线中深，两侧不对称；平均单果重108 g，最大可达200 g；果面茸毛细短，较光滑，底色橘黄，阳面着红晕，外观美丽；果皮中厚，果肉黄色，肉质细嫩，纤维少，汁液较多，可溶性固形物含量12.5%，可滴定酸含量1.13%，风味甜，具香气，品质上；离核，仁苦，核小，可食率96.9%。较耐贮运。果实5月中下旬开始着色，6月初果实成熟，果实发育期约65 d。

树势中庸，树姿开张，树冠较稀疏。一年生枝光滑粗壮，红褐色。叶色黄绿色，叶片大而平展，阔椭圆形，叶基截形，叶缘锯齿浅而钝，叶片基部有1～2枚圆形蜜腺。花芽肥大，复芽占80%以上。大型花，花瓣浅粉红色。

幼树生长势强旺，结果后形成大量中短枝和花束状果枝，趋向中庸。萌芽力、成枝力中等。早果性强，定植后翌年开花株率和结果株率均为100%，4～5年后进入盛果期，单株产量可达45 kg。各类果枝均能结果，以短果枝结果为主，成龄树短果枝占果枝总量的85%以上，中长果枝和花束状果枝占15%左右。完全花比率高，丰产稳产。果实成熟期一致，果梗短粗，着生牢固，采前不落果。

(8) 鲁杏2号 山东省果树研究所通过与国外开展合作育种。2006年12月山东省林木品种审定委员会审定。

果实近球形，果实大型，平均单果重121.4 g，最大可达250 g；果面黄色，阳面具红晕，果肉金黄色，汁中多，可溶性固形物含量11.8%，可滴定酸含量1.57%，风味酸甜，品质中上等，离核，果肉硬度6.04 kg/cm²，耐贮运性强，抗裂果。果实成熟期6月中下旬，果实发育期85 d，比金太阳杏晚熟15 d左右。

树势健壮，树姿半开张。主干粗糙，深褐色；二年生枝红褐色，光滑粗壮；一年生枝绿色，阳面微棕红色，节间中长。叶片大，中厚，阔椭圆形，先端突尖；叶色绿，上表面光滑具光泽；叶缘锯齿中深而钝；叶片基部有2枚圆形腺点。花蕾红色，初开花瓣先端粉红色。

幼树期生长较旺，丰产后树势中庸健壮。萌芽力、成枝力中等，一年生枝短截后平均抽生 2～3 个长枝；枝条角度小，树体较紧凑。幼树当年生枝拉平缓放可形成大量优质短枝。各类果枝均能结果，以短果枝结果为主，成龄树短果枝占果枝总量的 80%，中长果枝和花束状果枝占 20%左右；易成花，花量大，坐果均匀，果实整齐度好，产量较高。早果性强，定植后翌年开花株率达 96%，四年生平均株产 26 kg。

(9) 烟福　烟台市林业科学研究所选育，2007 年通过山东省林木品种审定委员会审定。

果实卵圆形，缝合线明显，两半部分不对称，果顶平；平均单果重 71.5 g，最大可达 92.6 g；果洼广深，果面光滑，底色为黄色，向阳面有红晕；果肉橘黄色，肉质细腻、多汁，味酸甜，可溶性固形物含量 14.4%，可食率 94.4%，品质上等；核椭圆形，褐色，平均单核重 4 g，离核、甜仁。耐贮运。7 月上旬果实成熟，果实发育期 80 d。

树姿半开张，当年生枝黄色，二年生枝灰褐色，多年生枝褐红色。叶片卵圆形，深绿色，先端渐尖，叶缘锯齿尖、浅、中密，基部广楔形，有腺点 1～2 个。花芽圆锥形，芽鳞片紫红色。花蕾粉红色，盛开后白色。幼树生长旺盛，树姿直立，结果后逐渐开张。萌芽力强，成枝力中等，外围一年生长枝缓放后萌芽率 78.6%，成枝率 19.6%。幼树以中长果枝结果为主，进入盛果期短果枝和花束状果枝占结果枝总量的 82.6%，中长果枝分别占 13.9%和 3.5%。完全花率 78.3%～90.6%，自然授粉坐果率 34.3%。

(10) 秦杏 1 号　是从陕西关中地区发现的自然实生苗中选育出来的。

果实近圆形，缝合线较深，两半部不对称；平均单果重 85 g，最大可达 120 g；果皮绿黄色，阳面着玫瑰色，着色面占果面 1/2～2/3，外观极诱人；果肉浅黄色，肉质硬韧，汁液少，味酸甜，可溶性固形物含量 13.8%，品质中上等，既可鲜食，又可加工；甜仁、离核，椭圆形，鲜核褐色。果实 5 月下旬成熟，果实发育期约 60 d。

树姿开张，一年生枝鲜红色，多年生枝暗褐色。叶片大，近圆形，叶色浓绿，叶面光滑有光泽，叶缘钝锯齿，较整齐；叶柄中粗，鲜红色，圆形。花芽肥大，复花芽占84%以上。以短果枝结果为主，占果枝总量的86.6%，中长果枝占6.4%，花束状果枝占7%。花器发育完全，退化花仅占5.0%。自花结实率低，需配置授粉品种。生理落果少，无采前落果现象。

(11) 金秀系 河北省农林科学院石家庄果树研究所以串枝红×金太阳育成的加工专用杏新品种。

果实卵圆形，平均单果重 65.5 g；果皮底色橙黄色，果面1/4～1/2着片状红色；果肉橙黄色，肉质细密，汁液较少，味酸甜浓厚，可溶性固形物含量 12.5%。可食率 95.80%；果实带皮硬度 12.9 kg/cm^2，耐贮运；离核。加工杏脯色泽橙黄，味浓厚，出脯率为 40%。6 月中旬果实成熟，果实发育期 72 d。

树势中庸，树姿开张。一年生枝阳面棕褐色，背面绿褐色。叶卵圆形。花瓣白色，多数 5 瓣，雌蕊 1～2 枚，完全花率 75.72%。幼树以中长果枝结果为主，成龄树以短果枝和花束状果枝结果为主。树体抗旱、抗寒、耐瘠薄。生长期无明显病害，较抗杏穿孔病及焦边病。

(12) 硕光 河北省农林科学院石家庄果树研究所从大丰杏的自然杂交种子中选育。2009 年 12 月通过河北省林木品种审定委员会审定。

果实长圆形，果顶圆凸；果实缝合线浅，显著，两侧不对称；平均单果重 86.08 g，最大可达 106.4 g；梗洼浅、窄；果皮底色橙黄，阳面有少许红晕或无彩色；果面茸毛少，光亮洁净；果皮较厚，不易剥离；果肉橙黄色，肉质较细，未充分成熟时松脆，充分成熟时柔软，纤维中多，汁液多，味酸甜浓厚，有香气；可溶性固形物含量 13.2%～14.5%，品质上等；离核，核椭圆形，急尖，核面较平滑，仁苦，饱满。可食率为 95.16%。6 月上旬果实成熟，果实发育期 65～70 d。

树势强，树姿开张，树冠圆头形。主干灰褐色，多年生枝紫褐色，一年生枝粗壮，直立或斜生，阳面棕红色，背面黄褐色，光滑无毛。叶片倒卵圆形，先端短突尖，基部楔形，叶缘整齐，锯齿单而钝；叶片大，较厚，叶深绿色，具光泽，平展；主脉为浅绿色；叶柄紫红色。花萼绿褐色，花瓣白色，多数5瓣，雌蕊1枚。

（13）甘玉 极早熟优质新品种，2002年通过河北省林木品种审定委员会审定。

果实圆形，平均单果重49.5 g，最大可达65 g；果皮底色黄白，阳面着鲜红晕，外观亮丽，洁净，果顶圆平；果肉黄白色，肉质细，纤维少，采收成熟度的果实果肉较硬，充分成熟后柔软多汁，风味酸甜，香气浓，鲜食品质上等，可溶性固形物含量13.04%；粘核，种仁苦，饱满。果实5月下旬成熟，果实发育期56～60 d。

树冠圆头形，树势中庸，树姿开张；萌芽率29.73%，成枝力弱。以短果枝和花束状果枝结果为主。一年生枝细长，斜生。叶片圆形，急尖，叶柄紫红色，叶厚，浅绿色，具光泽。花芽多双生，花粉白色，花瓣5瓣，雌蕊1枚。

（14）魁金杏 又名108号杏。以二花槽为母本、红荷包为父本进行杂交，经胚培养培育成了早熟杏新品种。2009年通过山东省农业厅林木品种审定委员会审定。

果实近圆形，果形端正，果顶渐凸，梗洼浅，中广，缝合线浅，两侧对称；平均单果重89.1 g，最大可达142.8 g；果皮橙黄色，果面光洁、美观；果肉黄色，汁液中多，肉质细，纤维很少，不溶质，可溶性固形物含量13.2%，有香气，风味酸甜可口，品质上等，果核小，离核，苦仁。果皮厚、韧，耐贮运。5月底果实成熟，果实生育期56 d左右。

树冠圆头形，树姿开张。幼树生长强健，成龄树树势中庸，一年生枝深红色，多年生枝黄褐色。叶片近圆形或长圆形，叶尖短尖，浓绿色，叶片大而厚，紫红色。完全花比率91%。萌芽力和成枝力均较强，长、中、短及花束状果枝均可结果，以花束状结果枝为主。幼树结果早，栽后翌年坐果。适应性强，抗旱，耐瘠薄。

(15) 龙金蜜 自然杂交实生种，由山东省果树研究所于2011年选出的晚熟品种。

果实卵圆形，果顶微凹，缝合线深，两半部不对称；平均单果重77.1 g；果皮底色绿黄，完全成熟时黄色，向阳面有红晕，果面光滑，茸毛短少；果肉橘黄色，肉细，味甜，汁液丰富，香气浓，可溶性固形物含量14.2%；离核。果实生育期80 d左右，在潍坊地区6月下旬成熟。

(16) 早红蜜 从杏树的实生后代中选育出的新品种。2009年2月通过了河南省品种审定委员会审定。

果实近圆形，缝合线较深，两半部对称；果皮黄白色，平均单果重68.5 g，最大可达125 g，果肉黄白色，肉质细腻，可食率达97.3%，汁液多，香气浓，可溶性固形物含量15.3%以上。果实生育期52～54 d，5月中旬成熟，成熟期比金太阳杏早5～7 d。

树冠自然半圆形，树势强健，树姿半开张。主干深褐色，有纵向轻微块状剥裂。一年生枝紫红色，较粗壮，节间较短，多年生枝红褐色，嫩梢阳面紫红色，背面黄绿色，皮孔稀而少。叶片深绿色，近圆形，有折，光滑，有光泽，叶尖突起，叶缘锯齿整齐。花芽肥大，饱满，完全花比率65%以上，花冠中大。种核较小，仁苦。

(17) 凌浓2号 西北农林科技大学选育，2006年12月通过陕西省果树品种审定委员会审定并命名。

果实卵圆形，果顶平圆，微凸，缝合线不明显，片肉对称；果实中大，平均单果重81 g，最大可达105 g；果实橙黄汁液多，酸甜可口，风味好，可溶性固形物含量15.88%；果皮底色橙黄，阳面鲜红；离核，苦仁。6月中旬果实成熟，果实生育期76 d。

树势中庸，树冠圆头形，树姿开张。一年生枝红褐色，多年生枝暗褐色。萌芽力和成枝力均较强，长、中、短及花束状果枝均可结果，以中长果枝结果为主。叶片卵圆形，绿色，中大，叶片中厚，无光泽。雌蕊败育率低，坐果率高，可自花结实，早果，丰产性好。

(18) 丰园77杏 金太阳自然实生，2010年通过陕西省果树品种审定委员会审定。

果实近圆形，平均单果重 77 g，最大可达 138 g；果皮黄色，茸毛中多，果顶平或稍凹入，缝合线中深，两侧对称；果肉黄色，肉质硬韧，耐碰压，充分成熟后果肉汁液中多，风味甜酸，可溶性固形物含量 13.7%。在西安地区果实 5 月 23 日成熟，果实发育期 65 d。

树姿半开张，干性稍强。一年生枝阳面黄褐色，多年生枝暗褐色，皮孔大，较密。叶片圆形，叶面光滑，叶尖短尾，叶基圆形或楔形，叶缘锯齿细。花冠大小中等，花瓣单瓣；花瓣卵圆形，浅粉色，花萼红色。萌芽率高，易形成较多的中短枝，长、中、短枝和花束状果枝均能正常结果，花束状果枝占总枝量的 31%。

（19）陇杏 1 号 以甘肃地方优良品种曹杏为母本，通过自然杂交、实生选育的新品种。

果实圆形，平均单果重 70.5 g，最大可达 82.6 g；果面底色为黄色，阳面具红晕，外观美丽；果肉浅黄色，肉质细，纤维少，汁液多，酸甜适口，可溶性固形物含量 14.5%，品质上等；离核、甜仁，可食率 96.1%。果实发育期 102 d，在兰州榆中 8 月上旬成熟。

树势强旺，树姿半开张。主干较平滑、紫褐色。一年生新梢红褐色。叶片近圆形，浓绿色，急尖，叶片浓绿，叶面平展、光滑；叶缘较整齐，锯齿中深、钝，为单锯齿；叶柄红色；叶腺圆形，1～2个。花 5 瓣，浅粉红色，雌蕊 1 枚，雄蕊 21～27 枚。

（20）京早红 北京市农林科学院林业果树研究所用大偏头×红荷包杂交育成。2008 年 12 月通过北京市林木品种审定委员会审定。

果实心脏形，果形整齐，果顶圆凸，缝合线浅，不对称；平均单果重 48 g，最大可达 56 g；梗洼中等深度；果皮底色黄，果面部分着红晕，茸毛中等；果肉黄色，汁液中多，纤维中等，风味酸甜，肉质较细，有香气，可溶性固形物含量 13.3%，可食率 94.3%，品质上等；果核卵圆形，核面有皱纹，核翼明显，离核、苦仁。在北京延庆地区 6 月中下旬果实成熟，果实发育期 65 d 左右。

树势中庸，树姿半开张。一年生枝红褐色，多年生枝灰褐色，光滑无毛。以短果枝和花束状果枝结果为主。叶片圆形，叶基钝圆，先端急尖，叶缘锯齿圆钝；叶脉黄绿色；叶柄 1～2 个蜜腺，褐色。花浅粉色，完全花比率 52%。坐果率 19.2%。

(21) 国强杏　辽宁省果树科学研究所以串枝红为母本、金太阳为父本杂交育成的新品种。

果实卵圆形，平均单果重 46.3 g，最大可达 76.8 g；完熟时果皮橙色，有红晕；果肉橙色，肉质硬脆；可溶性固形物含量 14.8%，果汁中多，风味酸甜；离核，苦仁。果实发育期 80 d，在辽宁熊岳地区 7 月 10 日前后成熟。

树姿半开张，树体紧凑；一年生枝红褐色，斜生，有光泽，无茸毛，皮孔小而少。叶片卵圆形，叶尖长尾尖，叶基圆形，叶缘粗锯齿，不整齐，叶面平滑，叶片薄，绿色，有茸毛；叶柄紫红色，无茸毛，无蜜腺。花蕾期时粉红色，盛花时白色，单瓣，5 瓣，圆形，萼片暗红色。初果期以中长果枝结果为主，盛果后以中短果枝结果为主，复花芽居多，超过 70%，自然坐果率 21.4%，丰产。

(22) 国丰杏　以串枝红为母本、XC0431 为父本杂交育成的新品种。

果实近圆形，平均单果重 47 g，最大可达 93.4 g；果皮底色黄，有红晕；果肉橙色，肉质松脆，可溶性固形物含量 14.8%；果汁多，风味甜，有香味，离核，甜仁。果实发育期 80 d 左右，在辽宁熊岳地区 7 月初开始着色，7 月 11 日前后成熟。

树姿半开张，一年生枝红褐色，斜生，生长弯曲，有光泽，无茸毛。叶片近圆形，叶尖突尖，叶基圆形；叶缘中深，钝锯齿，不整齐；叶面平滑，叶片薄，绿色，无茸毛；叶柄紫红色，无茸毛，蜜腺 2～4 个。花蕾粉红色，花瓣白色，单瓣，5 瓣，圆形，萼片暗红色。萌发率中等，成枝力中等，不易萌发副梢。早果性好，各类果枝均能结果，初果期以中长果枝结果为主，盛果后以中短果枝结果为主，复花芽居多，占 75%以上，自然坐果率 18.3%，丰产。

(23) 龙园黄杏 黑龙江省农业科学院园艺分院选育，2000 年通过黑龙江省农作物品种审定委员会审定。

果实长椭圆形，果顶卵圆形；平均单果重 65 g，最大可达 78.5 g；果面底色橘黄，覆少许红晕，缝合线浅；果肉杏黄色，质地细软，汁液中，风味酸甜，可溶性固形物含量 11%～12%，品质上等；果核呈纺锤形，体积小，离核，仁稍苦。果实 7 月下旬成熟，发育期 80 d。

树势强健，树姿半开张，树冠倒圆锥形，矮小。新梢斜生直立，生长量小，紫红色，有光泽。皮孔近圆形，中等大小，较稀疏，凸出。多年生枝紫褐色。叶片圆形，平展，叶色浓绿，叶基圆形。萌芽率高，成枝力强，以短果枝和花束状果枝结果为主，坐果率高，丰产性好。

(24) 龙园甜杏 黑龙江省农业科学院园艺分院选育，2006 年通过黑龙江省农作物品种审定委员会审定。

果实近圆形，果顶较平，缝合线浅，两侧对称；平均单果重 59.16 g，最大可达 101.2 g；果梗短，粗度中等，梗洼浅、广，果实表面有茸毛，底色为杏黄色，阳面带有红晕；离核，甜仁；果肉为橙黄色，肉质较细软，纤维少，汁液多，风味酸甜适口，口感极佳，品质优，是鲜食兼仁用的优良品种。7 月 20 日左右成熟，果树发育期 75 d 左右。

树冠倒圆锥形，树姿半开张；主干较粗糙、浅紫色。一年生新梢斜生直立，表皮深紫色，皮孔长圆形、中等大小，较稀疏。叶片短椭圆形，浓绿色，有急尖，叶片肥厚，叶面平展、光滑。花朵大，单生、粉白色。树势中庸，萌芽力、成枝力均强。栽后 3 年开始结果，以短果枝和花束状果枝结果为主，坐果率高，易形成花芽，早果、丰产，花期较耐低温；采前落果轻。

4. 国外新品种

(1) 金太阳 从美国农业部太平洋沿岸实验室选种圃中选出，亲本不详。1998 年通过山东省农作物品种审定委员会审定并命名。

果实近圆形，端正，果顶平，缝合线浅，不明显，两半部对称；平均单果重66.9 g，最大可达87.5 g；果面光滑，有光泽，果面金黄色至橙红色，极美观；果肉橙黄色，肉质细嫩，纤维少，汁液较多，香气浓。果实完熟时可溶性固形物含量14.7%，总糖含量13.1%，总酸含量1.1%，味甜微酸，品质上等；离核，核小，可食率96.8%。抗裂果。果实5月中旬开始变色，5月底成熟。较耐贮运，适期采收常温下可放5～7 d，在0～5 ℃条件下可贮藏20 d以上。

树姿开张，树体较矮，树势中庸健壮。萌芽率中等，成枝力强，各类果枝均能结果，以中短果枝结果为主。花器发育完全，雌蕊退化花占比小，自然结果率为26.8%，需配置授粉树。结果早，丰产稳产，栽后翌年成花株率和坐果株率达到100%，第三年平均株产达到11.8 kg。适应性与抗逆性强，适栽范围广，具有较强的抗晚霜能力，对褐腐病和穿孔病有较强的抵抗力，虫害主要为蚜虫。

（2）凯特杏 美国于1978年发表的特大果型优良品种，属欧洲生态群品种。

果实长圆形至阔椭圆形，果顶平，微凹，缝合线中深，明显，两半部不对称；特大型果，平均单果重105.5 g，最大可达150 g以上；果柄短；果皮中厚，耐碰压，耐贮运性好；底色橙黄色，光照条件良好时阳面着红晕；果肉金黄色，质较细、韧，纤维较少，汁液中多，味酸甜爽口，口感纯正，芳香味浓，品质上等，可溶性固形物含量12.7%，总糖含量10.9%，可滴定酸含量0.94%。核小，离核，苦仁。果实生育期72 d左右，山东泰安地区果实成熟期为6月10～15日，耐贮运。适棚栽。

树势强健，树姿半开张。幼树生长旺盛，直立性强，多数新梢能形成二次枝，进入结果期后大量结果后树势趋向中庸。萌芽力强，成枝力强，树冠内枝条多，层性较明显。枝较粗壮，角度直立，节间短。以短果枝结果为主，占结果枝总量的80%，中长果枝分别占7.8%和12.2%，中长果枝坐果率亦很高。花器发育完全，雌蕊败育率低，结实力强。成花易，结果早，极丰产，苗木栽后翌年成花株率与结果株率均为100%，第三年株产10.6 kg。幼树雌蕊退化花比率低，自然坐果率25.5%，自花结实。适应性强，抗寒、抗旱、耐瘠薄、耐花期低温和阴湿，需冷量较低，耐盐碱。抗病力强，尤其抗细菌性病害。

(3) 意大利1号 又名泰林托思杏（Tyrinthos），意大利品种。

果实近圆形，小型果，平均单果重39 g，最大可达54 g；果皮较厚，橘黄色，果肉较韧，稍有纤维，汁液中多，香甜，可溶性固形物含量14%，半离核，苦仁。该品种3月末开花，果实6月上中旬成熟，耐贮运。

树势强健，树姿开张，树冠呈半圆形。萌芽力强，成枝力弱，树冠内枝条稀疏，层性明显。枝粗壮，节间短，节部叶柄痕处稍膨大突起。易成花，结果早，极丰产。栽后翌年即结果，四年生树株产近20 kg。完全花比率高，二年生幼树雌蕊退化花仅占4.6%，自然坐果率41.2%，自花结实。适应性强，在黏土、沙土、碱性土上均能生长结果，是优良的鲜食、加工兼用品种。宜棚栽。

(4) 意大利3号 又名普雷科斯杏（Precoce De Imola），意大利品种。

果实长卵圆形，果顶突出，略尖，果实中大；平均单果重48 g，最大可达59 g；果皮较厚，橙黄色；果肉较软，纤维少，汁液中多，味甜香气极浓，可溶性固形物含量14.7%；离核，仁苦。6月下旬成熟，较耐运。早果性、丰产性和适应性很强，属加工、鲜食兼用品种。

树势强健，半开张，树冠半圆形；萌芽力强，成枝力强，树冠内枝较稀疏，层性很明显。枝较粗，节间短，节部叶柄痕处稍膨大突起。栽后翌年始果，四年生树株产量近25 kg。幼树雌蕊退化花10.8%，自然坐果率40.4%，自花结实。

(5) 甜仁1号 亲本不详，属欧洲生态群品种。

果实近圆形，果顶稍尖，果形稍扁；果实小型，平均单果重

43 g；果面金黄色，果肉黄色，汁液少，风味酸甜，可溶性固形物含量12%～14%，具香气，品质中上等；离核，核较大，甜仁。该品种在山东泰安地区6月上旬成熟。为鲜食和仁用兼用品种。

树势健旺，树姿半开张。枝条粗壮，节间短。萌芽力、成枝力均强。树冠内枝条密，层性不明显。各类果枝均结果良好，坐果率均高。幼树以长中果枝结果为主，成龄树以短果枝结果为主，复花芽多。雌蕊败育率低，自花结实率高，坐果率高，丰产性好。

较易感细菌性穿孔病、果实疮痂病，对早期落叶病抗性强。抗寒，抗旱。

(6) 玛瑙杏 原产美国加利福尼亚州，自然杂交种，属欧洲生态群品种。

果实圆形，果顶圆平，缝合线浅，明显；平均单果重50 g左右，最大可达98 g；果皮底色橘红色，着片状红晕，果面光滑，洁净，外观美；果肉橘红色，硬，汁液多，味酸甜，可溶性固形物含量12.5%，品质上等；核中大，离核，苦仁。该品种在山东泰安地区6月中旬成熟，果实发育期75 d左右。

树势中庸，树姿开张，树体矮化。萌芽率高，成枝力强，平均每发育枝短截后成枝5.6个。以长果枝结果为主，占果枝总量的78%，中果枝和短果枝分别占11%和9.8%，花束状枝占比少。雌蕊败育率仅10%，自然授粉坐果率高达67%，坐双果和3果的比率为59%，明显高于其他杏树品种。采前不落果，一般栽后翌年结果，丰产稳产。该品种适应性广，抗旱、耐寒、耐盐碱。

(二) 苗木繁育

1. 砧木的选择

建立杏园选择苗木时，不仅要求品种纯正、苗木健壮，还必须清楚苗木的砧木情况，根据品种、当地的风土条件，选择适宜的砧木种类。

(1) 山杏 山杏实生苗生长快，与杏嫁接成活率高，寿命长，对土壤适应性强，根癌病少，耐干旱，忌潮湿，尤其怕涝。原产我国北方，长江以北较为普遍。山杏果实6月成熟，种子小而均匀，种仁饱满，成苗率高。每千克800～900粒。

（2）杏（本砧） 杏根系发达，分布深而广，适应性强，抗旱、抗寒、耐瘠薄，较耐盐碱，抗根癌病，寿命长。作砧木的杏，选用果实小、成熟晚、核小、种仁饱满、发芽率高的苦仁类型。一般每千克种子500粒，种子须层积100 d。杏核出苗率高，砧木生长快。因是本砧，嫁接亲和力强，结合牢固，生长健旺，寿命长。

（3）山桃 山桃原产华北地区，耐寒，生长快，抗旱怕涝，耐盐碱。山桃实生苗生长快，与杏嫁接成活率高，可用于培育杏速成苗。但山桃嫁接的杏树，嫁接亲和力较弱，根系不发达，怕涝怕旱，寿命相对较短，且易感根癌病。果实7月中旬成熟，每千克240～280粒。

另外，根据各地气候条件不同，内蒙古、东北等地常用东北杏，河北等地常用西伯利亚杏，四川西部和西藏东南部常用藏杏作为砧木。

2. 培育砧木苗

（1）种子的层积 为保证苗木整齐度，要求砧木品种或类型一致，母本树生长健壮、无病虫害，所采集的种子必须充分成熟。果实采收后，先堆积使果肉软化，堆积期间经常翻动，防止温度过高种子失去生活力。果肉软化后揉碎，将果肉、杂质等用水淘洗干净，然后取出种子，摊放在阴凉通风处晾干。切忌在阳光下暴晒。晾干后，贮藏在冷凉干燥的库房内。

鉴定种子生活力可除去种壳，冷水浸泡2～3 d后剥去种皮，放入0.3%的红墨水中浸泡12 h，若种子不被染色则说明生活力强。种子准备好以后，则需对种子进行低温和适宜湿度下层积处理，以完成种子后熟，解除休眠。

种子层积前应先集中对种子进行浸泡。可以将种子直接倒入大缸中，也可以用袋子将种子装好，在水池中浸泡。浸泡时要在前两天每天换一次水，以后可每 2～3 d 换一次水。换水时，可在水中加入多菌灵、甲基硫菌灵等杀菌剂，以消除种壳上的杂菌。具体浸泡时间可视种子吸水情况而定。要求种子泡透、吃足水，通常情况下山桃、毛桃核需 5～7 d，山杏等杏核需 3～5 d。

种子浸泡好以后，用干净的湿河沙与种子混合起来，可按照 3 份沙、1 份种子的比例混合。沙子一般不宜太细，太细则透气性差，也不宜太粗，太粗则种沙分离时较难。沙的湿度通常是以手捏成团、但不滴水为度。沙太湿，透气性不好。

混合均匀的种子放入层积沟内贮存。层积沟要在干燥、不易积水的背阴处，以东西向为好，深、宽各 45 cm 左右，长度依种量而定。沟挖好后，先在沟底铺一层 6～7 cm 厚的湿沙，再把混沙的种子平铺在沟内，要低于沟面，再加铺一层 15～20 cm 厚的土层，要高于地面，以防雨水、雪水流入。在土层上面插小捆的玉米秸等以利通气，防止发霉。沟内温度保持在 2～5 ℃，过高过低都不利于种子休眠，温度过低会冻伤种子。层积天数，山杏为 85～100 d，桃为 80 d 左右。3 月初，经常检查，防止发霉，若发芽过早应将种子移至阴凉处，减缓发芽（5 ℃），若距播种日期 15 d 仅有少量种子发芽，可加温催芽。

种子若未进行层积处理，春季可采用快速处理方法。一般播种前 20 多 d，先将种子用 80 ℃水浸 2～3 min，再放入冷水中浸泡 2～3 d，每天换水一次。泡后将种子取出，与湿马粪（含水量约 70%）混合，经 10～15 d，种仁吸水，核壳破裂，即可取出播种。

（2）苗圃地的选择 首先注意不能重茬。苗圃地一般要求沙质壤土或轻黏壤土，以土质肥沃，便于灌溉为好。同时，要求排水良好，不积水。

圃地选好后，于秋季进行深翻，深度 20 cm 左右。并结合深耕每 667 m^2 施腐熟纯鸡粪 2 500 kg 左右、复合肥 100 kg、黑矾20 kg。在病虫害较严重的地区，尤其是对苗木危害较重的立枯病、根癌病和地下害虫，如蛴螬、线虫以及金针虫等，可以结合深耕撒施辛硫磷毒土防治。

(3) 播种 播种一般采用畦播。先整好畦面为 100 cm 或 120 cm宽的育苗畦。可以秋播或春播。秋播种子不用层积，一般在 10 月下旬至 11 月上旬，即土壤封冻前进行。播种时开沟深度 6 cm 左右，可按行距 25～30 cm 进行开沟，每畦 4 行。为保证苗齐，秋播时株距可适当小，5 cm 左右即可，春天苗高 5 cm 左右时根据出苗情况及时补栽或间苗。秋末播种的，在土壤封冻前要灌一次透水。

春播一般在土壤解冻后，根据层积种子的萌发情况确定。层积的种子萌芽早，可适当早播，3 月下旬即可开始。如果种子发芽晚，可适当晚播，但一般不能超过 4 月上旬。对发芽不好的种子可以敲开种壳，直接播种。敲种子时可选用厚木板作为垫子，受伤的种仁播种后易腐烂或感病，一般不用。最先发芽的种子质量最好。虫害严重的苗圃地可以在开沟播种时撒施少量药麸。春天播种时因种子多已萌动，播后成苗率高。所以，播种时株距可大些，10～15 cm 即可。若播种过密，则苗木根系生长较差。

(4) 播种后管理 幼苗出齐后，要及时松土，并注意防治食叶害虫。为使苗木壮旺，对有病虫害及生长过密和生长过弱的幼苗尽早间除。砧木苗生长前期要加强肥水管理，促进生长。待苗高长至 10 cm 以上时（4 月中下旬）喷施 5～6 次 0.3%～0.5%尿素，间隔 1～2 周，并在 5 月上中旬追施一次尿素。苗木生长后期(6 月中下旬以后)，应促使其加粗生长。可在苗木长到一定高度后摘心，促进加粗生长，并叶面喷布 0.3%～0.5%磷酸二氢钾，使苗木生长健壮。灌水一般从幼苗长出 4～5 片真叶时开始，使土壤保持湿润。

3. 杏苗的培育

(1) 嫁接时期 杏树的嫁接大致可有 2 个时期，即春季和秋季。

培育二年生苗可进行春季嫁接。一般采用枝接的方法。具体嫁接时间一般在 3 月上旬至 4 月上旬进行。温暖地区以惊蛰前后为宜。寒冷地区可在春分至清明前后进行。主要以砧木树液开始流动为准，若嫁接过晚，则易从伤口处分泌树脂，不利愈合。

秋季嫁接一般采用芽接法进行。秋季嫁接适期在 8 月中旬至 9 月上旬，若嫁接过早，雨季尚未结束；若嫁接过晚，则接穗不离皮，影响成活。

(2) 接穗的采集、贮藏和运输 采集接穗的母株，必须具备品种纯正、树势强健、丰产、稳产、优质的性状，要保证无检疫对象。接穗应选用树冠外围生长健壮、芽子饱满的发育枝。

春季枝接用的接穗，可以结合冬季修剪进行采集。采集发育充实、芽子饱满的一年生枝，取其中段备用。采好的接穗每 50 条或 100 条为一捆，挂防湿防烂标签，然后选一背阴处用湿沙埋好，为防止霉烂，应捆得松散些，以利于多数接穗能与沙子接触。贮藏期间要隔一段时间检查一下，沙子要保持湿润，以防接穗失水。也可以在早春花芽萌动前采集，采后暂时沙藏一段时间。或者利用地区性气候差异，从物候期晚的地区随用随采。

秋季嫁接，接穗应随采随摘叶，以减少水分蒸发。采好的接穗若不能马上用完，可以先用绳子捆好，垂直吊在大口水井中，使接穗的下端贴近水面但不接触。少量接穗可放在水桶或盆中，并在其中加少量水，水深 1 cm 左右即可。需长距离运输的接穗，首先要注意做好标记牌。量比较少，可以用暖瓶装带。量比较多，每 50 根左右一捆，捆与捆之间隔上湿报纸或碎布（湿的），然后用浸透水的湿麻袋装好，运输途中要注意加水，防止中间发热及枝条失水。

(3) 嫁接方法 包括 T 形芽接、嵌芽接、劈接、双舌接等。

① T 形芽接。削芽时在芽的上方约 0.7 cm 处横切一刀，深达木质部，然后在芽下方 1 cm 处推刀，由浅及深削至横口，取下芽片。取芽时将芽片向一侧拧一下，防止撕去芽内侧的维管束。削切砧木接口时，在砧木基部，距地面 5～18 cm 处，具体高度按育苗情况而定。嫁接部位一般不高于 5 cm。选平滑部位，横切一刀，在其横口下中间地方向下切长 2 cm 左右的切口，形成 T 形切口。

然后，将芽片下端插入砧木口，并顺势下推，至接芽与砧木切口吻合为止。最后，用塑料膜条等包扎紧即可，包扎时芽眼要外露。

② 嵌芽接。又称带木质部芽接。削砧木时，在砧木苗距地面3～5 cm处，向下斜削第一刀，由浅入深，达木质部1/3处。第二刀在前一刀口下1.5 cm处，呈30°斜削到第一刀口底部，取下切除部分，使砧木留下一个嵌槽。取接芽时，在接芽上方1 cm处下刀斜削，由浅入深，达接穗木质部1/3处。再由芽下0.5 cm处斜切30°到第一刀切口的底部，然后取下芽片。带木质的芽片全长2 cm左右（略小于砧木上的嵌槽），木质部厚2～3 mm。然后，将接芽嵌入砧木上的嵌槽，使接芽的形成层与砧木的形成层对齐。如砧木较粗，必须保证接芽与砧木有一侧形成层对齐。用塑料条绑紧。

③ 劈接。劈接法是在砧木较粗的情况下应用的枝接方法。接穗长度2～4个芽，在芽的两侧削长约3 cm的削面，呈楔形，使有顶芽一侧较厚，另一侧较薄。截去砧木上部，削平断面，于断面中心垂直下劈，深度与接穗削面相同。将削好的接穗，宽面朝外插入劈口中，使形成层相互对齐，接穗削面上端应高出砧木切口0.1 cm。用塑料膜绑紧。

④ 双舌接。在春季枝接时使用。当砧木与接穗粗度大致相同时用此法最好。在接穗基部芽的同侧削一马耳形削面，长约2 cm，然后在削面尖端1/3处下刀，与削面接近平行切入一刀（忌垂直切入）。砧木同样切削。然后，将两者削面插合在一起，若砧、穗粗度不一致，插合时应有一边对齐，然后用塑料膜绑紧。

（4）嫁接苗的管理 秋季嫁接培育二年生苗，嫁接后先不剪砧，到春季萌芽前，在离接芽0.5 cm处剪砧。剪砧后要注意及时抹除砧木芽。砧木芽通常萌发早，因此在品种芽萌发前即应抹一次。另外，砧木芽常多次萌生，一般要连续抹除3次左右。对不萌发的，可留一砧木芽继续生长，以备6月补接。秋接的芽苗翌年一般长势强旺，可适当控制苗木的生长。

春季枝接培育二年生苗，嫁接成活后不要急于解绑，一般到4月中下旬，新梢长到30～40 cm时再解绑。嫁接后1周左右，要注意检查苗木的成活情况，以便及时补接。

要注意防治田间杂草，以免杂草影响苗木生长。春季注意防治蚜虫、金龟子、象鼻虫等危害。秋季，桃小叶蝉常危害叶片，造成早落叶、苗木发育不壮，发生时可喷氰戊菊酯等防治。为提高苗木的抗寒力，秋后宜早控水，以使苗木早停长。

(5) 苗木出圃 苗木的出圃自秋季落叶后至土壤封冻前及翌年土壤解冻后至萌芽前均可进行。苗木质量主要取决于根系和粗度，出圃的苗木主要要求品种纯正、砧木根系发达，茎干粗壮，芽孢满，嫁接部位愈合良好，无检疫性病虫害。

长距离运输的苗木，起苗后需对根系进行保护，最好蘸泥浆护根，运苗途中一定要加盖帆布。苗木假植时，要松开绑绳，散开捆，使根系与土壤接触，埋好土后，可沿苗干用水管向下冲泥，将泥土冲到根系上。如果苗木要假植越冬时，一方面要注意将根系周围用水将泥土冲实，另一方面要培土至苗高 40 cm 左右。

(三) 生物学特性

1. 根系的生长发育

(1) 根系的分布 杏树根系强大，根冠比大，因此抗旱、耐瘠薄性极强。杏树在核果类中长势、寿命及对土壤气候条件的适应性都是较强的，正是得益于其强大的根系。根系的分布受种性、土壤条件及栽培措施等影响，其中受土壤条件的影响最大。土层深厚时根系深入土壤深层，抗旱性极强，树体寿命长，长势旺，丰产稳产；土层浅，底部有障碍层时，根系垂直分布受到限制，主要向水平方向伸展，可超过冠径的 3 倍，水平根的“远行”是在薄土层条件下对地上部养分和水分保证的一种补偿方式。

(2) 根的作用和组成 根系是杏树生命体的重要组成部分，起着固定树体，吸收、输导、贮藏水分和养分，合成激素等生理活性物质，调节地上部生长等作用。杏树的根系从功能上可分为多年生骨干根和活跃根两部分。骨干根主要起固定树体及输导、贮存养分和水分的作用。活跃根又分生长根和吸收根两类，生长根只具初生结构，呈白色，具吸收作用，促进根系扩展，延长和扩大根系吸收范围，与树体生长势与抗逆性密切相关，生长根分布范围较广，但主要分布于水分含量较高的土壤中下部。长势强的迅速生长根可分化出次生结构，渐次形成各级骨干根，长势弱的吸收生长根形成网状吸收根，而缓慢生长根则形成须根。吸收根具有高度的生理活性，也是初生结构，呈白色，建造更新快，一定时间后变褐而自疏死亡。吸收根与短枝形成、成花结果密切相关。吸收根主要分布于通气条件好、含水量适中、肥力水平较高的土壤表层及中上部土层中。

(3) 根系的生命周期 杏树根系生长的年周期中，一般有 3 次发根高峰，即春根、夏根和秋根。杏树根系的生长活动一般早于地上部分的生长，停止生长晚于地上部分，是落叶果树中根系活动最早的树种之一。杏树根在一年中没有绝对的休眠期，只有根尖分生组织具有短暂的相对休眠，只要温度、湿度、通气条件适宜，全年都可生长，这是杏树日光温室生产的前提条件之一。

杏树根系的发生集中于前期，后期发根很少。3 月中下旬，土温达 3～5 ℃时根系开始活动，达 7 ℃时生长加快。春根发生到花前达到一个小高峰，以后随开花坐果和新梢生长，树体营养竞争加剧，发根减少。5 月上中旬地温上升到 15～20 ℃时，地上部新梢旺盛生长，春根发生达到高峰，也是全年根系生长最盛的时期。春根发生主要是利用树体贮藏营养由前一年秋根生长点继续萌发，主要为细根。因此，前一年秋根发生量大，树体贮藏营养充足则春根发生量亦大；相反，如果前一年负载量大，叶片早落，贮藏营养不足，秋根发生少，则春根发生量亦小。春根对于地上部萌芽、开花、展叶、坐果、抽梢等至关重要。

春根发生后，在果实发育期根系发生较少，采果后，6 月中下旬至 7 月中旬，土壤温度高于 20 ℃时，根系生长加快，生长量大，形成夏季发根高峰。这次发根树体完全依靠当年同化养分，养分充足，持续时间较长，范围广，发根量大。

2. 枝条的类型及生长特点

(1) 枝条的类型和功能 杏树的地上部分由主干、主枝、侧枝、枝组及枝条等组成，其中枝组是杏树生长结果的最小单位。枝条按生长的年龄可分为一年生枝、二年生枝及多年生枝。一年中不同季节萌发的枝条，有春梢、夏梢、秋梢之分。

杏树的枝条按其功能不同可划分为生长枝和结果枝。生长枝多由一年生枝上的叶芽或多年生枝上的潜伏芽萌发而成，生长旺盛，叶腋间可形成少量花芽。按长势强弱可分为发育枝和徒长枝，发育枝是杏树最基本的枝类，主要功能是扩大树冠，形成树冠的骨架或转化为结果枝，徒长枝大多由潜伏芽萌发而成，生长极迅速，生长量大，生长不充实，缺少发育枝时可加以改造利用。要维持树体高产稳产优质，应控制发育枝一定的比率，一般以5%左右为宜。徒长枝一般应及时疏除，以节约营养。

结果枝按花芽着生情况和枝的长短，分为长果枝、中果枝、短果枝和花束状果枝，一般长果枝在30 cm以上，中果枝15～30 cm，短果枝5～15 cm，花束状果枝短于5 cm。果枝是杏树结果、形成产量的枝类，长果枝花芽形成不充实，坐果率低；中果枝生长较充实，花芽质量较好，多复花芽，坐果率较高，在结果的同时顶芽还能形成生长适度的新梢，翌年形成新的中短果枝，连续结果能力强；短果枝和花束状果枝单花芽居多，坐果率亦较高，但发枝能力差，寿命短。幼树和初结果树以中长果枝结果为主，盛果期和老弱树以短果枝和花束状果枝结果为主。短枝叶片质量好，光合效率高，光合产物基本不外运，可连续结果。

(2) 枝条的生长发育 杏树枝条的加长生长包括顶芽的继续延伸和腋芽的抽生。早春天气转暖达到一定温度后，叶芽萌动，芽内雏梢开始生长，黄绿色幼叶伸出，此时气温低生长慢，幼叶光合作用弱，主要依靠贮藏营养。经过1周左右的缓慢生长，随气温的升高，加长生长明显，枝梢长至一定长度后，生长减缓，进一步形成新的顶芽。由于品种、树体状况、枝条长势等的不同，杏树每年可抽梢1～3次，形成春梢、夏梢和秋梢。

杏树的芽跟桃一样具有早熟性，即当年形成的芽在适宜条件时当年即可萌发，形成副梢。副梢上也可形成花芽，翌年开花结果。根据这种特性，可以在幼树、高接树及衰老更新树上利用促发副梢（如摘心等），加快树体生长，尽早扩冠成形，或培养结果枝组。

除加长生长外，枝条还存在加粗生长，加粗生长比加长生长稍晚，停止生长也晚，在加长生长的同时进行着加粗生长，但相对较慢，加长生长后期加粗生长加快。

影响杏树枝条生长的因素很多，如品种、树龄、树势、贮藏养分状况、立地条件、栽培措施等。生长季节水分是限制新梢生长的关键因素，重剪能刺激芽的萌发和生长，形成发育枝。生产中可采取相应措施调节枝类的形成，如新梢生长后期喷布生长抑制剂、延缓剂控制新梢生长，特别是抑制二次枝或三次枝生长，使之形成结果枝，促进花芽分化；也可以采取摘心等措施促进二次枝及三次枝生长，促进树冠成形和花芽分化。

杏树的萌芽力和成枝力在核果类果树中是比较低的，正常情况下剪口下一般可抽生1～3个长枝、2～7个中短枝，萌芽率在40%～70%，成枝率在20%～65%。当重截或肥水刺激时萌芽力和成枝力均上升，可达80%以上。修剪轻或土壤瘠薄，萌发率及成枝力更低，尤其枝条基部的芽多年不萌发而成为潜伏芽。杏树潜伏芽的寿命很长，可达20～30年，在受到重剪刺激时可萌发形成徒长枝。生产中可利用杏萌芽力及成枝力较低的特性，运用修剪手段结合肥水管理更新改造结果枝组，恢复树势或利用潜伏芽进行树冠或枝组更新。

（3）杏树的枝类组成 杏幼树生长旺盛，发育枝比例较高，随树龄增长，各类结果枝比率上升。旺长树发育枝比率大，衰弱树短果枝和花束状果枝比率小，发育枝极少或全无。成年丰产稳产树的枝类组成比率为，发育枝维持在5%左右，各类结果枝比率在95%左右，其中短果枝和花束状果枝在80%以上，中长果枝在10%左右。杏的多数品种以短果枝和花束状果枝结果为主，但中长果枝的结果率品种间差异较大，凡各类果枝均能结实的品种表现丰产稳产，意大利1号等品种甚至在长度近2 m的营养枝上也可形成大量优质花芽，翌年坐果累累。

3. 芽的种类和花芽分化

（1）芽的种类 杏树的芽按性质分叶芽和花芽两种。叶芽呈长三角形，比花芽瘦小，萌发后形成发育枝或中短果枝。叶芽多着生在各种枝条的顶端和生长旺盛的一年生枝条上。枝条下部若干节的叶芽保持休眠状态，只在重剪或回缩更新时才萌发，称为潜伏芽。

杏花芽为纯花芽，每芽一朵花，是开花结果的基础。花芽呈圆锥形，比叶芽肥大。杏树芽的着生状态有单芽、二芽、三芽几种。单花芽多在新梢或副梢的上端，坐果率不高，其所在部位开花坐果后光秃。树势弱，单花芽居多，结果部位外移速度快。单生叶芽多在枝条基部和顶端。三芽并生时，两旁为花芽，中间为叶芽，坐果率高而可靠。壮果枝上并列芽居多，结果的同时有分枝生成，光秃慢。枝条单、复芽的数量、比例、着生部位与品种、枝条长势等有关，枝条越长，复芽数目越多，个别情况可出现4个芽并生。

（2）花芽分化 花芽是形成产量的基础，花芽的数量和质量一定程度上决定产量的高低和质量的优劣。杏树的花芽是前一年形成的，跟其他核果类果树一样，属于当年分化，翌年开花结果的类型。它是由叶腋间的侧生分生组织，经过一系列的演变而形成的，这个过程称为花芽分化。杏各类枝条的顶芽均为叶芽。影响杏树花芽分化的因素很多，但都与树体营养物质的积累水平有关，树体或枝条营养水平高，则花芽分化过程中所需养分充足，花芽分化量大，质量好，完全花比率高，结实率也高。因此，一定的营养生长量是花芽形成的基础。

4. 开花及坐果

（1）花的类型及开花 杏花为两性花，每朵花有雌蕊1枚，雄蕊20～40枚。根据雌蕊、雄蕊的长度不同可分为4种类型，即雌蕊长于雄蕊型、雌雄蕊等长型、雌蕊短于雄蕊型和雌蕊退化型，前两种可以正常开花结果，第三种坐果率极低，几乎不能结果，第四种雌蕊退化，不能受精结实，故后两种花称为不完全花或败育花。杏花芽分化极易，花量极大，但性器官的完善过程却常受阻，形成大量败育花，这是目前杏生产中开花多却坐果率低的主要原因。

杏败育花比率受品种特性、树龄、树势、果枝类型、树体营养水平等的影响。欧洲杏多数品种不完全花（败育花）比率低于10%，完全花（正常花）高达90%以上（表2-1）。华北杏的败育花比率一般高达70%以上，如红荷包的败育花比率高达94%以上，这是造成华北杏有花无果的致命缺点。

表2-1 欧洲杏、华北杏完全花与不完全花比率的比较（%）

品种		完全花	不完全花
欧洲杏	金太阳	91	9
	凯特杏	91	9
	玛瑙杏	92	8
华北杏	红荷包	6	94
	红玉杏	26	74
	水　杏	61	39

除品种因素外，树龄、树势、果枝类型等影响营养物质的积累水平，从而影响花芽分化，导致败育花比率不同。通常树龄较小（幼旺树）的，树体营养水平低，败育率较高。树势强弱不同，退化花所占比率大不一样，通常树势越强，退化花比率越低。

其次，果枝类型与退化花多少有关，一般短果枝较少（9%左右），中长果枝较多（24%～30%）；同一果枝的不同部位，退化花比率也不一样，通常秋梢多于夏梢，夏梢多于春梢，春梢上不同节位退化花比率也有不同，越靠近基部和梢部退化花越多，而中部退化花少。

杏的花芽经冬季休眠后，早春平均气温达3℃时，花芽内部即开始活动，随气温的升高，芽内部各器官生长发育速度加快，外观上表现花芽增大，萼片向上抱合生长（露红），此时称为花芽的萌动期。花芽萌动后经过花蕾膨大期、大蕾期，最后花瓣完全伸展，露出雌蕊柱头、花柱、花药、花丝等而开花。

杏的花期较短，具体受品种特性、气象条件、树龄、树势、管理水平等的影响。在正常年份，杏单花期仅 2～3 d，盛花期仅 3～5 d，单株花期 8～10 d。

（2）授粉受精 杏花开放后，成熟的花粉通过风媒或虫媒传到柱头上，称为自然授粉；当花发育到大蕾期时，雌蕊柱头已具有接受花粉的能力，但开花后才进入适宜的授粉时期。杏花由授粉到完成受精一般需 3～4 d。据研究，杏花开放后当天授粉受精效果最好，可根据单花期不一致的特点，人工授粉可进行多次，并尽量延长盛花期，以利授粉受精的完成，提高坐果率。

（3）坐果及其影响因素 授粉和受精是杏坐果结实的基础，影响到杏授粉受精及幼果发育的各种因素都影响到杏树的坐果。

① 胚乳和胚的发育与坐果。杏坐果需胚乳和胚的正常发育，正常授粉受精是胚乳和胚发育的首要条件，胚乳和胚发育良好则易长成大果。授粉受精后产生胚乳和胚，胚乳首先开始发育，产生大量生长素类激素（IAA 和 GA），竞争营养物质向果实内运输，使幼果细胞不断分裂和增大，这即是坐果的机制。未授粉受精或授粉受精不良，胚乳不发生或树体养分不足，胚乳发育受阻或停止，幼果内 ABA 等生长抑制物质增多，果实脱落。

② 亲合性。杏属异花结实类型，大部分品种经不同品种授粉受精后才能正常结实，自花结实率较低，而品种之间的亲合性有较大差异。试验表明，在进行人工授粉时，利用混合花粉比单一花粉和自然授粉坐果率均有明显提高，因此建园时不仅要讲究配置授粉树，而且对授粉品种要有选择，要配置一定的授粉组合才能获得较高的结实率。

③ 营养条件。营养条件影响花芽的质量，而且是花粉发芽、花粉管生长、胚囊寿命及柱头接受花粉时间的重要因子。在晚秋和

早春叶片和枝干喷布尿素可增加贮藏营养以及弥补贮藏营养的不足，有利于正常的授粉受精过程。多花弱树贮藏营养水平低，尽早疏花疏果可节约营养，提高坐果率；幼旺树控制新梢旺长，节约养分，可提高坐果率。硼可增加对糖的吸收、运输、代谢，增加氮的吸收，有利于花粉管的生长，初花期、盛花期喷布尿素和硼砂可显著提高坐果率。钙有利于花粉发芽和花粉管生长，磷是生殖生长必需的元素，增施磷肥可显著提高坐果率。

④ 激素。赤霉素可加速花粉管生长，使生殖核分裂加速，从而提高坐果率。

⑤ 环境条件。温度影响花粉发芽和花粉管生长及花粉管通过花柱的时间，花期低温可使花粉和胚囊受到冻害。湿度影响柱头的寿命，高温干旱时柱头寿命显著缩短。

5. 杏树的落花落果

杏树的花量很大，但落花落果严重，坐果率低，普遍存在着“满树花，半树果”或“只见花不见果”的现象。杏树的落花落果一般有 3 次高峰，第一次在花后，子房未膨大时花即脱落。这次落花的原因是花器官败育或授粉受精不良，未受精，胚乳发育停止。树势衰弱，叶片早落，贮藏营养不足的树体表现尤为明显。第二次是落幼果，在花后 2 周左右，子房已膨大，幼果如黄豆大小时脱落。这次幼果脱落的主要原因是授粉受精不良，胚乳发育受阻或停止，不能调运足够的营养物质促进子房发育。第三次落果发生在果实第一次迅速膨大期，主要原因是坐果过多、肥水供应不足、贮藏养分不足等引起的树体营养不足，满足不了果实迅速膨大对养分的需求，胚乳发育受阻或停止。有的品种在果实成熟之前有果实脱落现象，称为采前落果，落果的原因与品种特性有关。

杏树的落花落果，第一次落花量最大，其次是第二次落幼果。第二次和第三次落果的时间相对稳定，是由果实发育过程中的生理原因引起的，也称为生理落果。有调查显示，第二次落花落果率为

51.4%，第三次落花落果率为18%。

杏树落花落果的原因主要由败育花、授粉受精不良、树体营养不足引起，可通过选择败育率低的品种、加强土肥水管理、增强树势、配置授粉品种、花期人工辅助授粉等方法防止或减轻落花落果，提高坐果率。

合理冬剪能提高坐果率，同一株树上不同类果枝开花早晚、花期长短也不一样，一般花束状果枝先开，其次是短果枝，最后是中长果枝。早开的花质量好，完全花比率高，晚开的花败育率较高。杏花量大，开花需消耗大量贮藏营养，冬剪时疏去无花大枝，短截较弱串花枝，可集中使用贮藏营养，促进坐果以及果、梢、叶、根等的生长。

6. 果实的发育

杏果实的生长发育是从授粉受精后开始的，受精一结束，果实发育即开始，一般以盛花期为果实发育的始期，直至果实成熟，这一段时期称为果实发育期。果实发育期的长短主要决定于品种特性，气候条件和栽培管理措施对其也有较大影响。

杏果实的生长呈现双S形生长曲线，大体经过细胞分裂和细胞膨大两个阶段。

（1）第一次迅速生长期　授粉受精后胚乳开始发育，子房迅速膨大至果核木质化以前。该期果实重量和体积均迅速增加，果核达成熟时的大小，幼果为成熟时果实大小的30%～60%，缝合线相当明显，梗洼凹入。第一次迅速生长期的长短和起止日期，因品种成熟期而异，为28～34 d，一般早熟品种开始得早，结束得也早，晚熟品种开始稍晚，结束也晚。

（2）缓慢生长期（硬核期）　果实的增长缓慢不明显，主要是核的发育，果核从尖部开始硬化，胚开始迅速发育，胚乳被生长着的胚吸收而逐渐消失。硬核期的长短决定于品种的成熟期，一般为8～12 d，早熟品种开始早，持续时间短，晚熟品种持续时间长。

(3) 第二次迅速生长期 从杏核硬化及胚的发育基本完成到果实成熟采收为止。果肉厚度显著增加，果肉维管束日渐明显，后期肉质逐渐变软，香气变浓，果皮叶绿素逐渐减少，黄色或红色出现，达成熟时果实固有的色泽。该期出现时间的早晚及持续时间长短因品种而异，一般早熟品种 18 d 左右，中熟品种 28 d 左右，晚熟品种 40 d 以上，但各品种在采收前 10～20 d，果实增长最快，适期采收对增大果个和果实内在品质的充分发育至关重要。

杏果实的大小决定于细胞数目、细胞大小及胞间隙，品种相同时主要决定于前两者。杏果实发育的 3 个时期中以第一次迅速生长期生长速率最快，此期以细胞分裂为主，始自开花前雌蕊的形态建成，时间短，强度大，是形成杏果实产量和长成大果的关键时期。此期正与梢、叶旺盛生长重叠，梢、叶、幼果的生长需要大量水分和养分，尤其需氮素较多，是杏树的氮素营养临界期。若坐果过多而树体养分不足不但影响幼果发育，严重时胚乳发育受阻或停止，出现大量的生理落果，严重影响当年的产量和果实质量。而此时叶幕尚未形成，幼叶光合能力差，主要依靠树体贮藏营养。因此，前一年夏秋季施肥灌水养根、保叶，增加贮备养分，冬季修剪和疏花疏果，集中使用贮藏养分，花期保证授粉受精良好，加强幼果吸收营养物质的能力，早春施肥灌水保墒，叶面喷布氮素，促进幼果发育，缓和幼果发育与梢、叶建造的矛盾，对坐果、丰产、优质十分必要。

硬核期主要是种胚的发育。第二次迅速生长期以细胞膨大为主，主要是液泡容积的增大，内容物增多，果实增大较为迅速，内在品质逐渐形成。后期果实的增大依靠当年叶片同化养分，适宜的叶果比，树势健旺，树体同化养分充足，果实大，树势弱则果个明显变小，质量差。氮、钾和适宜的水分有利于光合作用和光合产物的运转，利于增大果个。此时施肥灌水养根保叶对于种胚的形成、当年的产量和品质有重要意义，而且有利于采果后的花芽分化。

(四) 建园

1. 对环境条件的要求

杏原产我国，原生中心在西北、华北、东北。目前尚保存大量的野生杏树的新疆伊犁地区属北半球寒温带半干燥性气候，日照充足，热量丰富，空气干燥。但是，长期的自然选择和人工选择的结果，使栽培杏产生了众多的生态型，因此对环境条件要求不严格，具有广泛的适应性。

杏既能在较高纬度、寒冷、干旱的地区生长，也能在纬度较低、温暖湿润多雨的地区生长结实。我国北纬23°～53°皆有杏分布，主要产区的年均温为6～12 ℃，≥10 ℃以上的年积温在1 000～6 500 ℃，年日照时数为1 800～3 400 h，无霜期在100～350 d，年降水量50～1 600 mm。

(1) 对温度的要求 杏树喜温耐寒。休眠季树体耐寒能力极强，在－30 ℃或更低的温度下仍能安全越冬。花芽休眠季仍在活动，对气温变化较为敏感，温度过低会导致花芽冻害。杏解除休眠早，花器和幼果对低温反应很敏感，花蕾期温度低于－3.9 ℃，开花期低于－2.2 ℃，花后幼果期低于－0.6 ℃，超过0.5 h即有冻害表现。发生冻害时花果细胞原生质细胞脱水、死亡，花瓣变褐萎蔫，子房变褐脱落。受害程度与低温强度和持续时间有关，温度越低，持续时间越长，冻害越严重。可见杏树抵御低温的能力因不同器官和杏树不同发育时期而不同，休眠季树体各部分均较抗寒，一般不致造成冻害，但休眠解除后花器和幼果耐低温的能力弱，生产中因杏萌动开花早而造成冻花冻果，是造成现有杏园产量低而不稳的重要原因之一。

花期冻害与低温持续时间有很大关系，短时低温对坐果影响不大，而长时间阴冷、雾大潮湿则坐果率大减。杏园霜冻减产可能有两种情况，一是冻害，二是因雾大潮湿长时间阴冷造成授粉受精不良。

花期冻害与品种、地形条件及栽培管理有关。不同品种花期抗冻害能力不同，源自不同品种自然选择和人工选择过程中形成的品种特性和对环境的适应能力。地形开阔、地势高燥的地方冻害较轻，而海拔高、阴坡、风口处及易聚冷气的低洼地冻害重。树势健旺、贮藏营养水平高的树耐低温能力强，花期冻害轻。

杏树休眠季除低温冻害外，还需一定的需冷量才能完成休眠。

杏树生长季喜高温，有一定的需热量要求，且能耐高温，如新疆哈密市夏季平均最高温度为 36.3 ℃，绝对最高温度达 43.9 ℃，杏树仍能正常生长，且果实含糖量很高。杏树的花芽分化在高温季节进行，据兰州果树研究所观察，从花芽形成分化到雄蕊出现，平均气温为 21.9～22.3 ℃。杏从萌芽到开花要求一定的积温，据山东省泰安市林业科学研究所观察，杏树需冷量较低，0～7.2 ℃的温度达 860 h 左右即可解除休眠，大于 5 ℃的积温达到 145 ℃左右即可正常开花。一般早春气温回升快且稳定时开花期来得早，开花期平均气温一般在 8 ℃以上，适宜温度为 11～13 ℃，花期温度偏低，不利于授粉受精，开花期延长，花期阴雨则严重影响授粉受精，造成大量落花。花期温度过高时花期缩短，影响授粉受精。早春通过覆地膜等措施提高地温，可使杏树萌芽开花期提前，使早熟品种提早成熟 2～3 d。

温度对果实成熟期、色泽、风味品质有直接的影响。生长季温度较高时果实成熟期早，成熟度较一致，果实含糖量高，风味浓，色泽鲜艳；气温低时成熟晚，果实含酸量高，风味品质降低。

（2）对光照的要求 杏树为喜光性很强的树种，世界上杏主产区多集中在北半球年日照时数 2 500～3 000 h 的地区。光照对生长结果的作用明显，光照充足时生长结果良好，枝条生长旺盛而充实，叶大而浓绿，花芽分化多而饱满，结果多，果实糖分和维生素含量高，着色好。光照不良时（修剪不当或阴雨较多），枝条生长细弱，发育枝细长，很少发生二次枝。短果枝及短果枝组寿命短，病虫害严重，果实着色差，品质下降，花芽分化不良，退化花比率大为增加。

(3) 对水分的要求 杏树最适宜在土壤湿度适中和空气干燥的环境条件下生长结实。杏树耐旱性很强，是干旱、半干旱地区的重要果树树种，这是因为杏根系深广，可从土壤深层吸收水分，叶片角质层较厚，气孔小而密，叶肉细胞小，排列紧密。但杏树经济栽培应注意几个需水临界期的灌水，如开花期缺水会缩短花期，降低花粉生活力，授粉受精不良，造成大量落花落果。新梢旺盛生长期需水量大，水分不足会影响新梢生长，树势弱，减少了营养物质的积累和转化。果实发育期缺水影响果实正常发育，果个小，成熟提前，甚至造成落果。

杏树抗旱性强，但耐涝性差。土壤积水时，轻则引起早期落叶，重则引起烂根和全株死亡。花期阴雨会严重影响授粉受精，对坐果极为不利。果实发育后期雨水过多，会引起新梢旺长，病虫害严重，果实风味淡，着色差，如遇阴雨连绵有时会引起落果和裂果。水分大时，仁用杏表现新梢徒长，花芽分化减少，坐果率低，果仁不充实。

(4) 对土壤和地势的要求 杏树适应性极强，对土壤地势的要求不严格。除通气性过差的重黏土外，杏树在沙壤土、沙质土、壤土、黏壤土、微酸性土、微碱性土（耐盐碱能力较苹果、桃强），甚至在岩缝中均能生长，但经济栽培最宜在透气保水性强、肥力水平高的壤土、沙壤土及砾质壤土上生产。我国北方杏树多栽植在丘陵地山坡或梯田上，少数种植在平地或冲积地上，但在35°以上的坡地及海拔2 000 m以上的高山上也能生长，在土壤结构、肥力较差的干旱瘠薄地区，也能保持一定的产量。

杏树对肥水（特别是氮肥）较为敏感，在平地或山前水平梯田上，土层深厚、肥沃，有机质含量高，树体高大、强健，寿命长，杏果产量高、品质好，连续结果能力强。

杏树忌重茬，不能在种植过杏树或其他核果类果树的土地上栽植。重茬时易发生再植病，生长缓慢，有的幼树死亡。产生重茬病的原因是残留的老根中含有苦杏仁苷，分解产生有毒的氢氰酸，对新植幼树具有毒害作用。老根产生的其他一些有机物对新植幼树生长也有不利影响。

2. 园地选择及规划

（1）园地选择 杏适应性较强，对环境条件要求不严格，我国从南到北均有杏栽培。除低湿涝洼地黏重土壤和重盐碱地外，均能正常生长结果。但为了实现经济栽培的高效益，选择适宜气候区和适宜土壤条件是十分必要的，园地条件直接影响杏树的生长与结果，是建园后实现高产、优质的基础。

建园时最好选择土层深厚肥沃、能灌能排的沙壤土园地。山地建园最好选择背风向阳的南坡，温暖的小气候条件将为杏树提供最适宜的生长环境，并可提早成熟。平原地建园时应注意雨季排水，必要时起高垄栽培。涝洼地、重盐碱地不适宜栽植杏。选择园地时应避免重茬，前茬为桃、杏、李的地块最好不要用来建园，万不得已也应在休耕 2～3 年后，或土壤深刨、增施有机肥，避开原来的老树穴。鲜食杏不耐贮运，成熟期集中，供采摘、销售的时间短，大面积建园时应选择交通便利的地方，同时注意排灌、喷药设施、房屋、道路的合理规划。

（2）园地规划 主要包括水利系统的配置、栽培小区的划分、防护林的设置以及道路、房屋的建设等。

小区又称为作业区，为果园的基本生产单位，是为方便生产管理而设置的。大型杏园需划分若干小区。平地杏园小区的面积一般以 3.3～6.7 hm^2 为宜，为长方形。山地和丘陵地可以一面坡或一个山丘为一个小区，其面积因地而宜，长边沿等高线延伸，以利于水土保持工程施工和操作管理。

大型杏园的道路规划，分为干路、支路和小路 3 级。干路建在大区区界，贯穿全园，外接公路，内联支路，宽 6～8 m。支路设在小区区界，与干路垂直相通，宽 4 m 左右。小路为小区内管理作业道，一般宽 2 m 左右。平地果园的道路系统，宜与排灌系统、防护林带相结合设置。山地果园的作业路应沿坡修筑，小路可顺坡修筑，多修在分水线上。小型果园可以不设干路与小路，只设支路即可。

水源是建立杏园首先要考虑的问题，要根据水源条件设置好水利系统。有水源的地方要合理利用，节约用水；无水源的地方要设法引水入园，拦蓄雨水，做到能排能灌，并尽量少占土地面积。

小区设计。为了便于管理，可根据地形、地势以及土地面积确定栽植小区。一般平原地区每 1～2 hm^2 为一个小区，主栽品种2～3 个；小区之间设有田间道，主道宽 8～15 m，支道宽 3～4 m。山地要根据地形、地势进行合理规划。

建立防护林。防护林能够降低风速、防风固沙、调节温度与湿度、保持水土，从而改善生态环境，保护果树的正常生长发育。因此，建立杏园时要搞好防风林建设工作。一般在寒流的迎风面和坡地果园的上部建立有效的防风林带。每隔 200 m 左右设置一条主林带，方向与主风向垂直，宽度 20～30 m，株距 1～2 m，行距 2～3 m；在与主林带垂直的方向，每隔 400～500 m 设置一条副林带，宽度 5 m 左右。小面积的杏园可以仅在外围迎风面设一条 3～5 m 宽的林带。

3. 授粉树配置

杏大多数品种自花结实率偏低，不能满足生产要求，而异花授粉坐果率高，丰产效果更佳，而且稳产、优质。因此，必须配置授粉树。授粉树要选择与主栽品种花期一致或稍早的品种。授粉品种与主栽品种之比不少于 1∶8，授粉树的配置方法，最好在主栽品种行内按配置比例定植，利于昆虫传粉（图 2-1）。

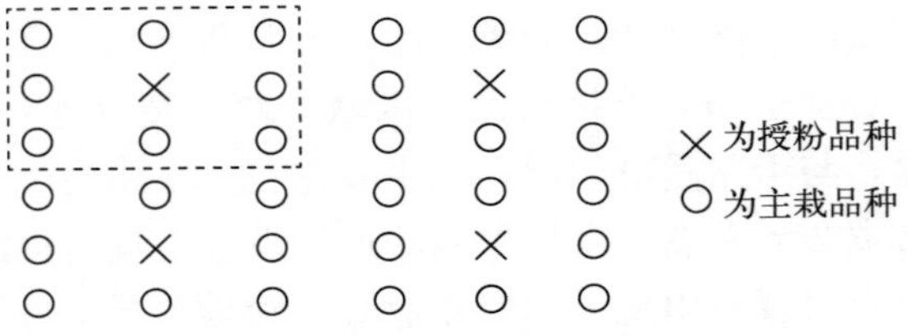

○ ○ ○ ○ ○ ○
○ × ○ ○ × ○
○ ○ ○ ○ ○ ○
○ ○ ○ ○ ○ ○
○ × ○ ○ × ○
○ ○ ○ ○ ○ ○

× 为授粉品种
○ 为主栽品种

图 2-1 授粉树的配置方式

4. 栽植密度

合理栽植密度可有效利用土地和光能，实现早期丰产和延长盛果期年限。栽植密度小时，通风透光好，树体高大，寿命长，虽单株产量高，但单位面积产量低，进入盛果期晚，管理不方便。栽植密度大时，结果早，收效快，单位面积产量高，易管理，但树体寿命短，易早衰。一般栽植密度为：平原地区株行距为 3 m×（4～5） m，在丘陵山地株行距为 2 m×（3～4） m。

5. 定植

定植时先整平土地，然后根据确定的株行距挖长、宽各80 cm，深 60 cm 的定植穴或宽 80 cm、深 60 cm 的定植沟，通过深刨使土层浅的山丘地和有黏板层的黏土地被打破，利于根系伸展，活土层厚的地块可浅些。挖穴（沟）时应把生、熟土分开堆放。苗木质量对于建园至关重要，甚至影响整株果树一生的产量，因此应选择品种纯正、砧木适宜的壮苗建园，即所谓的良种良砧。顶部有分枝的苗木根系发达、须根多、芽体饱满，质量最好。在苗木紧缺时，宁可晚一年建园，不用不合格的弱苗、小苗，也不用品种纯度、砧木无把握的苗木建园。苗木大小不一时，实行分栽，提高杏园整齐度。随起苗随定植，成活率最高，起苗时尽量保证根系完整。苗木包装运输时须蘸泥浆护根，并用塑料薄膜包扎；假植时防止根系脱水、烂根或受冻，特别是速成苗由于组织发育不充实，特别易受冻。定植前应对苗木进行检查。对假植的苗木用 0.3%硫酸铜溶液浸根 1 h 或用 3 波美度石硫合剂喷布全株，消毒后再定植。

定植时期分春栽和秋栽两种。在冬季较温暖的地区最好秋栽，秋栽在落叶后至土壤封冻前进行，秋栽的苗木根系伤口愈合早，翌春发根早，甚至当年即可产生新根，缓苗快，有利于定植后苗木的生长。在冬季较寒冷的华北北部、东北地区，秋栽易风干抽条，应春栽。春栽在翌春解冻后至发芽前进行。

为促进栽后树体生长，定植前施足基肥，每株深施有机肥

20 kg。回填时先填生土至定植穴（沟）深的 1/3，再把剩余生土与有机肥混匀后填入，最后填熟土，注意肥料与定植带间隔15 cm，以免根系接触肥料引起烧根。回填后，浇水沉实。

定植时将苗木直立放入穴中央，随填土，随踏实，填土 1/3 时将苗木向上提一下，使根系舒展。定植后立即灌透水沉实，使根系与土壤充分接触。不可定植过深或过浅，深度以埋至苗木根颈处为宜。

6. 定植后管理技术

定植后应加强管理，以提高成活率和杏园整齐度。春栽的杏园定植后立即覆地膜，可提高地温，保持土壤湿度，促进根系活动，发根早而多，大大提高成活率和根系的吸收功能。秋栽杏园，越冬前应灌一次透水，并培土防寒，特别是速成苗，组织发育不充实，更应培土防寒。翌春天气转暖后扒开防寒土，整平后覆盖地膜。

为减少蒸腾，无论春栽还是秋栽，定植后应立即定干。定干高度原则上以剪口下留 4～6 个饱满芽为准，一般苗干中部的芽子较两端的芽子饱满，定干高度应根据苗木高度及土壤类型等确定，一般平原地定干高度为 70～80 cm，丘陵地为 60～70 cm。秋栽的苗木定干后为防止抽干应在剪口上涂油漆等保护剂。

除采取以上措施提高成活率外，定植后第一年的重要任务是确保苗木生长健壮。杏结果早，第一年生长健旺就能确保以后结果和树体的继续扩大，为形成丰产骨架打下良好基础。为此，应加强土肥水管理、整形修剪、病虫害防治等方面的管理。

7. 生长调节剂的应用

（1）赤霉素（GA_3） 为多效唑等的拮抗剂，多效唑应用过度可喷布赤霉素缓解。赤霉素经叶片、嫩枝表皮等进入植物体，传导到生长活跃部位起作用，可促进细胞伸长，加速生长。杏幼树定植后，为促进新梢旺盛生长可于新梢速长初期喷布一次 40～60 mg/L 赤霉素，明显促进新梢生长。

（2）多效唑（PP_{333}） 多效唑为一高效持久的广谱性植物生长延缓剂，在土壤中分解较慢，半衰期为6～12个月，在植株体内降解速率比在土中快得多。多效唑可被根系、叶片等吸收，可土施或喷施，土施药效可维持2～3年，并可在多年生枝干内贮存，以翌年效果最为明显；喷施药效仅维持2～3周，后期还会发生补偿性生长。多效唑为三唑类植物生长延缓剂，它的作用机制是抑制贝壳杉烯、贝壳杉烯醇、贝壳杉烯醛的合成，从而抑制内源赤霉素合成。多效唑的生理效应主要有：抑制新梢旺长，缩短节间，促进侧芽萌发，增加花芽数量，提高坐果率；增加叶片内叶绿素含量和可溶性蛋白质含量，提高光合速率，降低气孔导度和蒸腾速率，但也使叶片皱缩，提高树体抗寒性，增加果实钙含量，减少贮藏病害，过量使用会使果实变小变扁，果柄粗短，色泽暗，果锈严重。

杏对多效唑较为敏感，土施有效期长，往往抑制过重，最好叶面喷施。可喷15%多效唑可湿性粉剂200～400倍液，视树体情况确定用药浓度和次数，连喷2～3次，可有效抑制新梢旺长，促进成花。

（五）土肥水管理技术

杏从定植第一年开始就应加强土肥水管理，这是栽培成功的关键环节。良好的土肥水管理可为根系创造一个适合生长的土壤环境，供给树体生长和结果所需的水分、养分，促进地上部生长。

1. 土壤管理

（1）土壤改良 有条件的地方可采取定植前集中深翻的方法。投资或人工不足者，可在定植前挖好定植沟或定植穴，杏树栽植后结合秋施基肥逐年沿定植沟或定植穴向外深翻，直至全园翻遍。通过深翻使杏园活土层深度至少达到60 cm，即深翻深度应在60～80 cm。为防止一次深翻伤根太多，可采取逐年、隔行深翻的方法。

山地杏园土层浅，土壤肥力差，水源缺乏，因此土壤管理的重点是加深活土层，并采取一切可能的方法存蓄雨水。为加深活土层，可采取“放树窝子”的方法，打通坚硬的石块，利于根系向深处生长，增强其吸水吸肥能力，提高抗旱性。

沙地的特点是透气性好，但肥力水平差，保肥保水力差，肥水流失严重。黏土地与沙土地正好相反，土壤通气不良，保肥保水性强。这两类土壤的改良可采取客土改良法，即沙土地掺黏土或增施有机肥，黏土地掺沙，逐步养成透气良好、保肥保水的土壤结构。

（2）合理间作 合理间作不但不会影响杏树生长，而且可以防止杂草丛生，提高幼树期的土地利用率和杏园的经济效益。间作要选择对杏树根系影响较小、避开杏树需肥关键期的作物。花生、大豆、绿豆等豆科作物是杏园的首选间作物。另外，甘薯、西瓜、草莓、葱、蒜等也可用于间作，但要加强土壤施肥和灌水管理。茎秆较高的作物如小麦、玉米、谷子等作物根系分布范围深广，吸肥吸水能力强，与杏树争水争肥矛盾突出，影响杏园通风透光，有碍于杏树生长，经济上得不偿失。另外，秋菜如大白菜、萝卜等会引起秋天杏树徒长，组织不充实，从而降低其抗寒力，不能正常越冬，也不宜间作。间作时应注意留足树盘，定植当年可留出1 m宽的树盘，以后随树冠逐年扩大，树盘的面积不小于树冠的投影面积，树盘内不宜种植间作物。

（3）覆草与覆膜 杏园覆草或覆膜是较先进的土壤管理制度，特别有利于表层根的产生与维持，对于土层浅薄的杏园尤为重要。覆草的效果要好于覆膜。覆草即把农作物秸秆、杂草、树叶等盖在地面上，厚度为15～20 cm。覆草后土壤温度变化平稳，并且有保水、透气、防止杂草丛生、不用耕锄等作用，覆草腐烂后连续不断地释放出养分，连年覆草对于提高土壤有机质含量、促进土壤团粒结构的形成具有显著效果。覆草一般在5月中旬至6月中旬进行，盖草以后为防止被风吹散，尽量把草压实，并在其上星星点点地压一些土。覆草以后根系上浮，因此覆草应连续，每年坚持覆草，禁止当年覆翌年扒，防止覆草后养成的表层根系在扒草后被破坏而削弱树势。覆草对于瘠薄山地、缺水地块效果明显，在降水量较大的地区，覆草后可能会出现积涝现象，特别是杏树根颈部位覆草后会由于积水造成通气不良影响杏树生长，可在根颈部留出一点空隙或放少许石块，以利通气。覆草过厚春季地温回升慢，果实晚熟2～3 d。另外，覆草后给杏园虫害提供了良好的越冬场所，应加强覆草杏园的病虫害防治。

在草源缺乏时可采取覆膜的方法。在早春解冻后浇一遍水，把地整平，使近树干处略高，然后覆盖透明地膜。覆膜还具有促进其提早成熟、提早上市的作用。

(4) 起垄栽培 对于地下水位过高的杏园，以及排水通气不良、容易积涝的黏土地等可采用起垄栽培。方法是定植前根据栽植的行距起垄，垄背与垄沟间的高度差约为20 cm，杏树栽植在垄背上，行间为垄沟，实行行间排水和灌水。起垄栽培的优点是利于排水，杏园通气性好，可防止积涝现象。

(5) 杏园生草 杏园生草适宜在年降水量500 mm，最好800 mm以上的地区或有良好灌溉条件的地区采用。若年降水少且无灌溉条件，则不宜进行生草栽培。在行距为5～6 m的稀植园，幼树期即可进行生草栽培；高密度杏园不宜进行生草，而宜覆草。

杏园生草有人工种植和自然生草两种方式。可进行全园生草、行间生草。土层深厚肥沃、根系分布较深的杏园宜采用全园生草；土壤贫瘠、土层浅薄的杏园，宜采用行间生草。无论采取哪种方式，都要掌握一个原则，即应该以其对果树的肥、水、光等竞争相对较小，又对土壤生态效应较佳，且对土地的利用率高。

草的种类标准是：适应性强，耐阴，生长快，产草量大，耗水量较少，植株矮小，根系浅，能吸收和固定果树不易吸收的营养物质，地面覆盖时间长，与果树无共同的病虫害，对果树无不良影响，能引诱天敌，生育期比较短。以鼠茅草、黑麦草、紫花苜蓿等为好。另外，还有百喜草、草木犀、毛苕子、扁茎黄芪、小冠花、鸭绒草、早熟禾等。

① 播种。播前应细致整地，清除园内杂草，每667 m^2 撒施磷肥50 kg，翻耕土壤，深度20～25 cm，翻后整平地面，灌水补墒。

播种时间多为春、秋季。春播一般在3月中下旬至4月，气温稳定在 15 ℃以上时进行。秋季播种一般从 8 月中旬开始，到 9 月中旬结束。最好在雨后或灌溉后趁墒进行。春播后，草坪可在 7 月果园草荒发生前形成；秋播，可避开果园野生杂草的影响，减少剔除杂草的繁重劳动。

草种用量：紫花苜蓿、田菁等为每 667 m^2 用量 0.5～1.5 kg；黑麦草为每 667 m^2 用量 2.0～3.0 kg。可根据土壤墒情适当调整用种量，一般土壤墒情好，播种量宜小些；土坡墒情差，播种量宜大些。

播种方式有条播和撒播。条播，即开 0.5～1.5 cm 深的沟，将过筛细土与种子以（2～3）∶1 的比例混合均匀，撒入沟内，然后覆土。遇土壤板结时及时划锄破土，以利出苗。7～10 d 即可出苗。行距以 15～30 cm 为宜。土质好，土壤肥沃，又有水浇条件，行距可适当放宽；土壤瘠薄，行距要适当缩小。同时，播种宜浅不宜深。撒播，即将地整好，把种子拌入一定的沙土撒在地表，然后用耱耱一遍覆土即可。

② 幼苗期管理。出苗后应及时清除杂草，查苗补苗。生草初期应注意加强水肥管理，干旱时及时灌水补墒，并可结合灌水补施少量氮肥。成坪后如遇长期干旱也需适当浇水。灌水后应及时松土，清除野生杂草，尤其是恶性杂草。生草最初的几个月不能刈割，要待草根扎深、植株体高达 30 cm 以上时，才能开始刈割。春季播种的，进入雨季后灭除杂草是关键。对密度较大的狗尾草、马唐等禾本科杂草，可用 10.8%盖草能乳油或 5%禾草杀星乳油 500～700倍液喷雾。

③ 成坪后管理。果园生草成坪后可保持 3～6 年，生草应适时刈割，既可以缓和春季和果树争肥水的矛盾，又可增加年内草的产量，增加土壤有机质的含量。一般每年割 2～4 次，灌溉条件好的果园，可以适当多割一次。割草的时间掌握在开花与初结果期，此期草的营养物质含量最高。割草的高度，一般的豆科草如白三叶要留 1～2 个分枝，禾本科草要留有心叶，一般留茬 5～10 cm。避免割得过重使草失去再生能力。割下的草可覆盖于树盘上、就地撒开、开沟深埋或与土混合沤制成肥，也可制作饲料还肥于园。刈割

之后均应补氮和灌水，结合果树施肥，每年春秋季施用以磷、钾肥为主的肥料。

果园种草后，既为有益昆虫提供了场所，也为病虫提供了庇护场所，果园生草后地下害虫有所增加，应重视病虫防治。在利用多年后，草层老化，土壤表层板结，应及时采取更新措施。对自繁能力较强的百脉根通过复壮草群进行更新，黑麦草一般在生草4～5年后及时耕翻。

自然生草是根据杏园里自然长出的各种草，把有益的草保留，是一种省时省力的生草法。

2. 施肥

(1) 需肥规律 杏树在年发育中的不同阶段对各种矿物质营养的吸收不同，杏树对肥料的吸收还受品种、树龄、树冠大小、产量高低等因素制约，了解不同情况下杏树的需肥规律是生产中指导施肥的重要依据。一般树冠大、产量高则需肥量大，幼龄树树体建造阶段需氮肥较多。

杏树耐干旱瘠薄，在北方落叶果树中是需肥量较少的一种果树，但杏高效栽培要获得丰产优质必须保证有充足的肥水供应。目前我国杏园多数管理粗放，绝大多数杏园严重缺肥，尤其氮肥不足，这也是我国杏园单产低、效益差的重要原因之一。杏树需肥量较少，但要求相对集中，因杏生长发育特点是生长量大，生长速率高，花量大，成熟早，往往营养生长与生殖生长交错进行。下面以结果树为例说明杏树一年中的需肥规律。

① 萌芽开花期。此期为器官多重建造期，需氮素较多，杏树花量大，其生根、萌芽、开花、展叶、坐果、抽枝均需要大量的氮素营养用于器官建造，与树体内的碳水化合物形成蛋白质，进而形成各类树体器官。试验表明，在开放的花朵、新梢和幼叶内，氮、磷、钾三元素的含量都较高，尤其是氮的含量很高，说明此期树体对养分的需求量大，尤其需氮最多。氮素是杏树需求量最多，最为重要也是土壤中最为缺乏的元素之一，我国多数杏园缺氮。氮素与

叶片的光合作用关系密切，氮素充足则光合能力强，树体碳水化合物充足，表现树体健壮旺盛，氮不足则光合能力弱，树体衰弱，更不能结果。氮多时树体营养生长过旺，不能成花结果。因此，应根据树势看碳施氮，根据树势（碳水化合物）决定氮肥的施用，树体生长衰弱时应多施氮肥，生长过旺时则相对减少氮素的施用量，最后达到以氮增碳的目的。掌握好杏树的碳氮营养，树体丰产就有基础和保证。

此期需养分高，但此时地温尚低，根系吸收功能弱，幼叶光合效率差，树体多重建造所需的氮素和碳水化合物均来自贮存于根、干中的贮藏营养。对枝条内水分、淀粉和糖的年周期变化测定表明：2 月下旬至 4 月中旬水分、淀粉和糖的含量较休眠期均有明显增加，是贮藏营养的消耗期；4 月中旬至 7 月上旬淀粉含量降低而水和糖含量升高，是营养生长和生殖生长双重消耗的体现，是当年营养消耗期；7～10 月淀粉和糖分增加至最大值，水分则低而平稳，是当年营养积累期。

此期需肥量大，尤其对贮藏营养水平要求高，杏树高产优质必须有充足的贮藏营养，促进前期生长，提高坐果率。杏树的前期长势对全年的生长与结果十分关键，若贮藏营养不足尤其是氮素不足，则严重削弱树体前期生长，不仅影响当年树体生长，致使树势衰弱，而且坐果率低，影响当年产量和品质。

针对此期的需肥特点，应多施氮肥，在搞好秋施基肥的基础上，可在萌芽前、花后及时追施氮肥，以满足树体建造对氮素的大量需求，可明显促进根系发育、树体生长和坐果丰产。除地下追肥外，贮藏营养不足的树尤其是多花弱树也可采取地上追氮。据杨兴洪试验，杏树萌芽前使用 1%～2%尿素喷枝干，可弥补氮素贮藏营养不足，对首批叶的质量有明显作用，可提高坐果率，促进新梢、果实生长和当年花芽分化。展叶后，叶面喷布 0.2%～0.3%尿素可促进叶片尽早转色成熟，增强光合作用，尽早利用当年同化养分，弥补碳素贮藏营养不足，促进生长和坐果。

② 新梢旺长期。此期为果实发育前期，树体生长量大，对氮、

磷、钾三要素吸收最多的时期，尤其以氮的吸收量最多，其次为钾，而磷较少。

③ 花芽分化和果实迅速膨大期。因花芽分化和果实膨大，需氮、磷、钾三要素较多，但对钾、磷的需求量明显高于其他时期。

④ 采果后。果实采收后由于大量结果引起树体营养物质的亏空，叶片光合效率下降，且采收后新梢又有一次旺长，对氮素和钾素的需求较多。因此，采果后应及时补充氮素，迅速恢复叶功能，进一步充实花芽，提高树体碳水化合物贮藏营养，以备翌春所需。同时，增强树体抗寒性、抗病性等。施入的氮素养料被吸收后可直接贮存在果树的根、干、枝中，成为氮素贮藏营养。因此，采果后至落叶前是树体养分的积累期，即贮藏营养的形成期，绝不可忽视。此期追肥应以氮肥为主，也可进行秋施基肥。

(2) 施肥时期 杏根系生长的 3 次高峰分别在 5 月上中旬、6 月中下旬至 7 月中旬、9 月上旬至 9 月末，因此杏树施肥时期应在萌芽前和花后、6 月中旬和早秋 8 月下旬至 9 月初。萌芽前和花后施肥对保证杏树萌芽、开花、展叶、坐果、抽枝及防止生理落果十分重要；6 月中旬施肥后正值新梢生长、花芽分化、果实发育同时进行，需肥量大，对保证新梢和果实生长、花芽分化十分关键；8 月下旬至 9 月初施肥对维持叶片功能、防止叶片早衰、促进秋根发生、增加贮藏营养十分有利。

(3) 施肥量 施肥量与土壤肥力情况、树体大小、产量及杏树的需肥特点有关，杏树所需氮、磷、钾的比例为（6.3～8.1）∶7∶（8.7～10.2）。杏树的需肥量如表 2-2 所示。

表 2-2 不同龄期杏树所需氮、磷、钾的量（g/株）

项目	龄期				
	2～3 年	4～5 年	6～7 年	8～9 年	9 年以上
氮（N）	100	200	300	500	600
磷（P_2O_5）	100	200	300	500	600
钾（K_2O）	130	260	390	650	780

(4) 施肥技术

① 基肥。基肥是一年中最重要的一次施肥，它源源不断地分解、释放出养分，供杏树各项生命活动需要，是全年的基础性肥料。基肥以含有机质丰富的厩肥、禽肥、堆肥、油渣、人粪尿等迟效性肥料为主，也可混施部分速效氮素化肥，以加快肥效。过磷酸钙、骨粉、硫酸锌、硫酸亚铁等与圈肥、人粪尿等有机肥堆积腐熟，然后作基肥施用，避免直接施入土壤时被固定，不易被杏树吸收。

杏树定植前结合深翻改土施入基肥，定植后应根据土壤肥力情况及杏树生长势，一般每年施一次基肥，进入盛果期后应加大基肥的施用量。杏露地栽培基肥多在9～10月结合土壤深翻施入。

基肥可结合土壤深翻改土施入，深翻改土时应注重质量，因为一次深翻伤根太多，深翻过多，会使树势衰弱。新建杏园定植前未深翻熟化改土的，需要隔行、隔年深翻，直至全园翻遍，以后每3～5年进行一次。幼龄果园扩穴可自树冠外沿入手，开深60～80 cm的沟，施入大量有机肥，注意勿伤直径大于0.5 cm粗的根。扩穴可逐年或隔年分期分批地进行，面不在大而在彻底，这样伤根少，效果好。试验证明，只要保证局部约1/4的根系生长和功能稳定，就可以解决全树75%的肥水供应。扩穴后必须立即灌大水沉实，勿留孔隙。在冬春季扩穴改土后，更应注意避免低温（0 ℃以下）和春旱伤根。

② 追肥。多为速效化肥。追肥肥效发挥迅速但持效期短，可满足杏树不同生育阶段对肥料的急需，是基肥之外必不可少的施肥手段。应以有机肥为主，使用化肥时应注意避免偏施生理酸性或生理碱性肥料，以免使土壤理化状况恶化，各种化学肥料的有效成分及性质如表2-3所示。

表2-3 各种化学肥料的有效成分及性质

名称	养分含量	理化性质	使用说明
过磷酸钙	P_2O_5 16%～18%	酸性，溶于水	有吸湿性、腐蚀性
磷酸二氢钾	P_2O_5 24%，K_2O 27%	微碱性，水溶	多作叶面追肥用

（续）

名称	养分含量	理化性质	使用说明
尿素	N 46.7%	微酸性，水溶	叶喷、土施均可
硝酸铵	N 31%左右	酸性，水溶	叶喷、土施均可
磷酸氢二铵	P_2O_5 53%，N 21.2%	中性，水溶	叶喷、土施均可
硫酸钾	K_2O 48%～52%	中性，水溶	叶喷、土施均可
氯化钾	K_2O 50%～60%	中性，水溶	土施时间长易积累 Cl^-，危害根系
氮、磷、钾三元复合肥	N 15%，P_2O_5 15%，K_2O 15%	有效成分，水溶	宜土施
钙、镁、磷	P_2O_5 14%～18%	难溶	宜土施作基肥

③ 叶面喷肥。即把肥料溶解在水中配成一定浓度的溶液，喷布于叶片上，可直接被叶片、嫩枝、幼果等的气孔、皮孔、皮层吸收，运送到树体的各个器官，见效快，肥料利用率高。叶面喷肥是除基肥、追肥外的应急补缺措施，但不能代替土壤施肥。一般喷后0.25～2 h即可被叶片吸收利用，吸收的强度和速度与叶龄、肥料成分、溶液浓度等有关，幼叶生理机能旺盛，气孔所占面积比老叶大，较老叶吸收快，叶片背面比下面气孔多，细胞间隙大而多，有利于吸收和渗透，故叶面喷肥应喷到背面。叶面喷肥的时间最好在上午10时以前或下午4时以后进行，避免在中午高温时进行，以免发生肥害。

3. 水分管理

水是杏树一切生命活动必需的，俗话说“长与不长在于水，长好长坏在于肥”，说明水分的重要性。水肥相济，肥料只有溶解在水中才能被吸收，有肥无水只能加重生理干旱。一般土壤施肥后均应灌水，特别是秋施基肥必须灌水。

苗木定植后随地温的升高，根系开始活动。根系的发生不仅要求一定的地温，还要求一定的水分，土壤持水量在60%～80%时生长最活跃，低于 40%时，新根很少发生。秋栽的苗木于 3 月浇一次解冻水，春栽的苗木于栽后一周左右，浇一次缓苗水，灌水后及时松土，盖地膜的可在地膜周围开沟灌水，浸润树穴。无论解冻水或缓苗水，水量不宜太大，否则会使地温下降过多，不利于发根。

新梢生长后，视土壤水分状况及施肥情况确定是否灌水，一般每次土壤追肥后立即灌水，使土壤水分含量维持在土壤最大持水量的 60%～80%。灌水后树盘内覆盖地膜可提高地温和保蓄水分，也可立即松土保墒。覆盖地膜不仅提高地温，而且保蓄水分，减少灌水次数，防止因浇水而使地温降低，影响发根和地上部生长，可促进新栽幼树成活和成活后生长势。

节水灌溉具有准确、省工、高效、增产增收、节约用水等优点。

(1) 小沟灌溉 小沟节灌技术方法：起垄，在树干基部培土，并沿果树种植方向形成高 15～30 cm、上部宽 40～50 cm、下部宽 100～120 cm 的弓背形土垄。开挖灌水沟。灌水沟的数量和布置方法：一般每行树挖两条灌水沟（树行两边一边一条），在垂直于树冠外缘的下方，向内 30 cm 处（幼树园：距树干 50～80 cm，成龄大树园：距树干 120 cm 左右）沿果树种植方向开挖灌水沟。灌水沟采用倒梯形断面结构，上口宽 30～40 cm，下口宽 20～30 cm，沟深 30 cm。灌水沟长度：沙壤土果园灌水沟最大长度 30～50 m；黏重土壤果园灌水沟最大长度 50～100 m。灌水时间及灌水量：在果树需水关键期灌水，每次灌水至水沟灌满为止。

(2) 喷灌 是利用专门的设备把水加压，并通过管道将有压水送到灌溉地段，通过喷洒器（喷头）喷射到空中散成细小的水滴，均匀地散布在田间进行灌溉的技术。

喷灌所用的设备包括动力机械、管道喷头、喷灌泵、喷灌机等。喷灌泵：喷灌用泵要求扬程较高，专用喷灌泵为自吸式离心泵。喷灌机：喷灌机是将喷头、输水管道、水泵、动力机、机架及移动部件按一定配套方式组合的一种灌水机械。目前喷灌机分为定喷式（定点喷洒逐点移动）、行喷式（边行走边喷洒）两大类。对于中小型农户宜采用轻小型喷灌机。管道：管道分为移动管道和固定管道。固定管道有塑料管、钢筋混凝土管、铸铁管和钢管。移动管道有3种：软管，用完后可以卷起来移动或收藏，常用的软管有麻布水龙带、浸塑软管、维塑软管等；半软管，这种管子在放空后横断面基本保持圆形，也可以卷成盘状，常用半软管有胶管、高压聚乙烯软管等；硬管，常用硬管有薄壁铝合金管和镀锌薄壁钢管等。为了便于移动，每节管子不能太长，因此需要用接头连接。喷头：喷头是喷灌系统的主要部件，其功能是把压力水呈雾滴状喷向空中并均匀地洒在灌溉地上。喷头的种类很多，通常按工作压力的大小分类。工作压力在200～500 kPa，射程在15.5～42 m为中压喷头，其特点是喷灌强度适中，广泛用于果园、菜地和各类经济作物种植区。

喷灌要根据当地的自然条件、设备条件、能源供应、技术力量、用户经济负担能力等因素，因地制宜地加以选用。水源的水量、流量、水位等应在灌溉设计保证率内，以满足灌区用水需要。根据土壤特性和地形因素，合理确定喷灌强度，使之等于或小于土壤渗透强度，强度太大会产生积水和径流，太小则喷水时间长，降低设备利用率。选用降水特性好的喷头，并根据地形、风向合理布置喷洒作业点，以提高均匀度。同时，观测土壤水分和作物生长变化情况，适时适量灌水。

（3）滴灌 是滴水灌溉的简称，是将水加压，有压水通过输水管输送，并利用安装在末级管道（称为毛管）上的滴头将输水管内的有压水流消能，以水滴的形式一滴一滴地滴入土壤中。滴灌对土壤冲击力较小，且只湿润作物根系附近的局部土壤。采用滴灌灌溉果树，其灌水所湿润土壤面积的湿润比只有15%～30%，因此比较省水。

滴灌系统主要由首部枢纽、管路和滴头三部分组成。

① 首部枢纽。包括水泵（及动力机）、过滤器、控制与测量仪表等。其作用是抽水、调节供水压力与供水量，进行水的过滤等。

② 管路。包括干管、支管、毛管以及必要的调节设备（如压力表、闸阀、流量调节器等）。其作用是将加压水均匀地输送到滴头。

③ 滴头。安装在塑料毛管上，或是与毛管成一体，形成滴灌带，其作用是使水流经过微小的孔道，形成能量损失，减小其压力，使它以点滴的方式滴入土壤中。滴头通常放在土壤表面，亦可以浅埋保护。

另外，有的滴灌系统还有肥料罐，装有浓缩营养液，用管子直接联结在控制首部的过滤器前面。滴灌注意以下几个方面：A. 容易堵塞。一般情况下，滴头水流孔道直径 0.5～1.2 mm，极易被水中的各种固体物质所堵塞。因此，滴灌系统对水质的要求极严，要求水中不含泥沙、杂质、藻类及化学沉淀物。B. 限制根系生长。由于滴灌只部分地湿润土体，而作物根系有向水向肥性，如果湿润土体太小或靠近地表，会影响根系向下扎和发展，导致作物倒伏，严寒地区可能产生冻害，此外抗旱能力也弱。但这一问题可以通过合理设计和正确布设滴头加以解决。C. 盐分积累。当在含盐量高的土壤上进行滴灌或是利用咸水滴灌时，盐分会积累在湿润区边缘，若遇到小雨，这些盐分可能会被冲到作物根区而引起盐害，这时应继续进行滴灌。在没有充分冲洗条件下的地方或是秋季无充足降雨的地方，则不要在高含盐量的土壤上进行滴灌或利用咸水滴灌。

(4) 微喷灌 是通过管道系统将有压水送到作物根部附近，用微喷头将灌溉水喷洒在土壤表面进行灌溉的一种新型灌水方法。微喷灌与滴灌一样，也属于局部灌溉。其优缺点与滴灌基本相同，节水增产效果明显，但抗堵塞性能优于滴灌，而耗能又比喷灌低；同时，其还具有降温、除尘、防霜冻、调节田间小气候等作用。微喷头是微喷灌的关键部件，单个微喷头的流量一般不超过 250 mL/h，射程小于 7 m。

① 系统构成。整个系统由水源工程、动力装置、输送管道、微喷头 4 个部分组成。

水源工程：是指为获取水源而进行的基础设施建设，如挖掘水井，修建蓄水池、过滤池等。喷灌水要求干净、无病菌。水质要求pH中性，杂质少，不堵管道。

② 动力装置。是指吸取水源、并产生一定输送喷水压力的装置。包括柴油机（电动机）、水泵、过滤器等。

③ 输送管道。主要包括主干管道、分支管道、控制开关等，为了节省工程开支，一般常用20 cm或13.3 cm PVC（聚氯乙烯）硬管。为不妨碍地面作业和防盗窃，最好将输送管道埋入地下。

④ 微喷头。微喷装置的终端工作部分，水通过微喷头喷洒到作物的叶、茎上，实现灌溉目的。

另外，杏园及时排水，土壤中水分含量过多易发生涝害，土壤孔隙被积水占据，造成土壤中空气含量太少，根系缺氧，功能下降，吸肥吸水能力受阻，此时外观上虽然显现不出来，但叶片光合效能已明显下降；积水严重时根系进行无氧呼吸，产生大量有害物质而致烂根、死树。杏树根系呼吸代谢旺盛，生长量大，特别不耐涝，一般积水1 d即会严重损害树体功能，甚至死枝、死树。因此，雨季必须注意及时排水，防止受涝。对于新定植幼树，雨季正处于控旺促花阶段，不需要土壤水分含量太高，及时排水缓解树体旺长，利于成花。

（六）整形修剪技术

1. 整形修剪的依据和原则

整形即是根据品种生长发育特性、立地条件及栽植密度等人为培养成有利于提高空间利用率、提早结果、生长与结果稳定且能负担一定产量的树冠形式；修剪是综合运用摘心、缓放、拉枝、短截、疏枝、环割（剥）、绞缢、抹芽等手法进行树形培养，调节地上部各部分营养物质的分配，调节营养生长与生殖生长的矛盾，保证早果、丰产，维持盛果期年限。果树栽培中土肥水管理是基础，则整形修剪是保证生长与结果正常稳定的最重要的调节手段。

整形修剪应根据品种特性、栽植密度、立地条件、树势等灵活掌握。只要空间利用率高，枝条分布合理、均匀，通风透光，有利于立体结果和生长结果稳定，有利于提高早期产量的树形就是好树形。

2. 树形及整形修剪技术

（1）细长纺锤形（图2-2） 树体结构特点：干高30 cm左右，中干直立、粗壮，优势明显，中干上直接着生8～10个小主枝，无侧枝，在主枝上直接着生各类结果枝和小型结果枝组，主枝角度较开张，一般在80°，均匀着生在中心干上，主枝间距15～20 cm，树高2.5 m左右，树体上小下大，上稀下密，外稀内密，利于通风透光和树势稳定。这种树形的优点是整形容易，利用杏树的自然生长特性稍加调整即成，树体结构简单，骨干枝级次少，整形快，通风透光好，易成花，结果早，修剪量轻，树势稳定，可充分利用空间，易于立体结果，单位面积产量高。对长势中庸偏弱、干性较差、树姿开张的品种采用细长纺锤形比采用开心形树形易于增加树体高度，提高空间利用率。

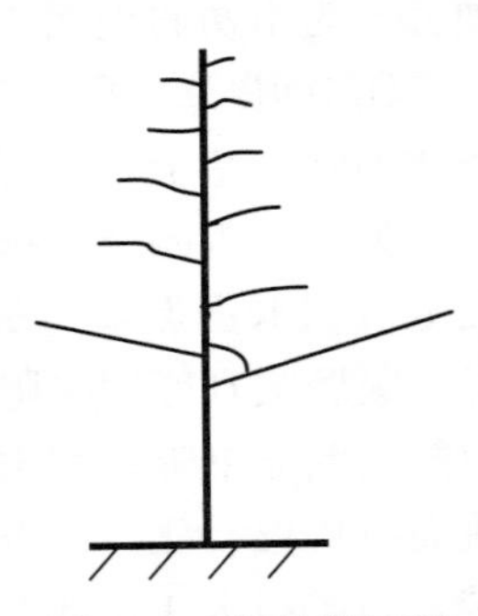

图2-2 细长纺锤形

整形修剪要点：培养强壮直立的中央领导干并维持其领导势力是整形及修剪的关键。定植后定干30～50 cm，萌发后选生长最强旺的新梢作为中央领导干，新梢长到50 cm左右时摘心促发二次枝，从中选长势最强且直立的二次枝作为中心干加以培养，其余二次枝长至30 cm左右时拉平；若树势强旺，中心干延长梢长至50 cm左右时再次摘心，促发三次枝，依次进行。若中心干延长梢较弱，则不能摘心，待冬剪时短截培养。除用作中心干培养的新梢外，其余新梢尽量不疏，以尽快增加幼树枝叶量，促进生长和结果。待长至30 cm左右时拉平，作为永久性主枝或用作辅养枝辅养树体或提早结果，对竞争枝尽早摘心加以控制。主枝选够时落头开心，控制2.5 m左右的树体高度。

（2）多主枝开心形 树体结构特点：无中心干，主枝数 4～6 个，均匀错开，主枝基角 60°，主枝不培养侧枝，直接着生结果枝和结果枝组，开张角度 70°，树高 2.5 m 左右。该树形低干矮冠，上小下大，内膛空间大，通风透光好，整形容易，树体生长健壮，产量高。适用于干性不强、长势中庸偏弱的品种。

整形修剪特点：定干 30～50 cm，5 月中下旬从所发新梢中选留 4～6 个方向错开、角度适宜、生长强旺的新梢作主枝培养。6 月上中旬，当新梢长到 50 cm 左右时，进行夏剪摘心（剪除顶端 10 cm 左右），促发二次枝，以增加枝量，扩大树冠；7 月上中旬进行拉枝，将预备主枝拉成 60°，其余枝条拉成 80°，用作辅养枝。主枝拉开后直立旺枝通过反复摘心加以控制，过多过密时要疏除。

（3）自然开心形 树体结构特点：无中心领导干，基部主枝干高 20～30 cm，主干上均匀着生 3 个主枝，主枝角度 40°～50°，每个主枝上着生 2～3 个侧枝，侧枝开角 70°～80°，间距 40～60 cm，侧枝上着生结果枝和结果枝组。此种树形主干矮，骨干枝间距大，侧枝强，光照好，枝组寿命长，修剪量小，立体结果好，结果面积大，易丰产、稳产。

整形修剪要点：苗木定植后根据具体情况在饱满芽处定干 30～50 cm，定干后干上新梢长至 2 cm 左右时，留上部 5～6 个芽，将下部幼芽抹除以节约营养。新梢长至 10 cm 左右时，从中选出 4～5个生长良好、方向合适的新梢，其余剪除。当新梢长至 30 cm 左右时，从中选出 3 个生长良好、方向合适的新梢作为三大主枝定向培养，其余摘心作为辅养枝。第一年冬剪时对三大主枝各留 50 cm剪截，疏除干上的其余辅养枝。第二年冬剪时根据空间利用情况短截主枝延长枝，在主枝上选留一个向外斜生的侧枝和 1～2 个结果枝，第三年冬剪时在第一侧枝相对方向选留第二侧枝，并选留适量结果枝。这样，每主枝上留 2～3 个交错生长的侧枝，主枝角度 60°～80°，完成自然开心形整形。

（4）Y 形（图 2－3） 也称两主枝开心形、塔图拉树形。

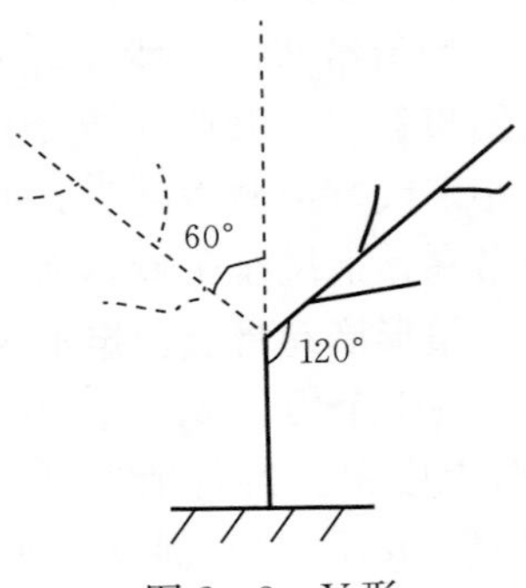

图 2-3　Y形

树体结构特点：单干，干高 30 cm 左右，树冠东西两侧有 2 个伸展的臂(沿南北向定植)，即 2 个主枝，主枝左右弯曲延伸，主枝上直接着生结果枝组，每行形成 2 个结果面，伸向行内，中间开心。树高在 2 m 左右。该树形骨架牢固，成形快，早期高产，光照好，果实品质优良。

整形修剪要点：幼树定植后不定干，待萌发后把主干拉向行间，呈 45°，形成 Y 形的一个主枝。主干弯曲后弓背处发出数条徒长枝，长势强旺，选其中角度、方向、距离适合的一枝作为 Y 形的另一主枝培养，其余徒长枝去掉。或定干后选留两个主枝。修剪时两主枝上以留侧生枝为主，背上枝多应尽早疏除。

(5) 丛状形　树体结构特点：定干矮，一般 30～40 cm，几乎近地面处向四周斜向伸展 4～5 个主枝，主枝上无侧枝，其上直接着生结果枝和结果枝组。该树形矮化，易整形修剪，通风透光，更新复壮容易。

整形修剪要点：定干 20～30 cm，萌发后选留 4～5 个生长健旺的枝作主枝，生长季采取拉枝开角、摘心促发分枝，尽早成形。整形过程中内部直立生长旺枝或过密时及时疏除，以保证通风透光，利于枝条成花。

(6) 小冠疏层形　树体结构特点：干高 60 cm 左右，树高 3～3.5 m，冠径 2.0～3.0 m。全树共有主枝 5～6 个。第一层 3 个主枝，可以互相邻接，开角 60°～70°，每一主枝上相对应两侧各配备 1～2 个大型结果枝；第二层 1～2 个主枝，方位插在一层主枝空间，开角 50°～60°，其上直接着生中小枝组；第三层一个主枝，其上着生小型枝组。该种树形树冠呈扁圆形，骨干枝级次少，光照良好，立体结果，树势稳定。该树形适宜株行距：平原沃地为 2 m×4 m，山岭薄地为 2 m×3 m。

整形修剪方法：

① 定干及当年修剪。杏的中央领导干延长枝在生长过程中往往偏向一侧，根据这一生长特征，因此在第一年栽植后，生长期间立支柱，把中央领导干延长枝用细绳绑缚在支柱上将其扶直，如果中央领导干没有长到落头高度仍弯曲倒向一侧，就应在弯曲处短截，促发培养直立延长枝头。

春季定植后，于 3 月中旬定干，当年可抽生 3～5 个长枝。夏、秋两季选最上一枝作中央领导枝，其下选分布合理的 3 个枝作为第一层三主枝，并用拿枝或其他方法，使主枝基角开张到 60°～70°，其他枝作为辅养枝进行缓放。

冬季修剪，中心枝留 50 cm 于饱满芽处短截，剪口下第三芽留在缺枝方向，剪口下第三芽易抽生成过旺竞争枝，可拿平缓放。三主枝留 40 cm 短截，其余枝条适当短截促分枝，增加枝量，以实现早结果和缓和生长势。

② 第二年整形修剪。春季萌芽前，开张主枝角度。当背上枝长到 15～20 cm 时，从基部扭梢，其他萌发枝条长到 20 cm 时摘心，促发短副梢。这种抑前促后的整枝方法，可以使杏树体紧凑、分枝较多、主枝粗壮，且枝条后部不光秃，利于树体尽早成形和形成饱满花芽。

冬季修剪时，三大主枝继续培养，剪留程度较前一年相对稍轻。继续选留二层主枝，有的若选出两个二层主枝，可在第五主枝以上 40 cm 左右处选最后一个主枝。中央领导枝同样比前一年轻剪，若中央延长枝优势强，有 2～3 个竞争枝，可以疏掉一个旺枝，压平一个，以便促生短枝。中央干上生长的其余枝条，保留作为辅养枝。第一层主枝注意选留第一侧枝，剪留长度要短于主枝延长枝，其余枝条在不影响主、侧枝情况下，尽量保留，增加枝叶量，尽可能一枝不疏。

③ 第三年整形修剪。杏花量大，开花消耗营养多，对大量结果的树，必须做好花前复剪，调节花果量合理负载。在保证树冠不郁闭和枝条不重叠的情况下，尽可能利用有限空间，促进侧生枝的

萌发和形成，为提高产量打下坚实基础。

冬季修剪时，继续扩冠，完成整形任务，采用缓、疏、缩相结合的方法培养结果枝组，为保持树体高度，对中央领导枝落头回缩。骨干枝中上部旺枝、密枝应适当疏除，以利通风透光，对中央干上辅养枝进行更新，疏除所有旺枝，呈单轴延伸结果状，选留长势中庸、平斜枝，留作预备枝，已结过果的母枝回缩到基部预备枝处。

④ 盛果期修剪。杏进入盛果期，树冠内膛光照开始变差，及时疏除树冠内徒长枝及过密枝，调整中心干与侧生枝及树冠上下部的平衡。金太阳杏树生长势旺盛，新梢生长量大，树冠容易密闭，这是该树形整形失败的主要原因，因此要严格控制侧生枝加长生长，防止树冠郁闭。

修剪的主要任务是调整生长和结果的关系，维持树势，延长盛果期年限。修剪时疏密、短截，以保持稳定的结果部位和生长势。对各级延长枝，一般进行中度短截，使抽生健壮新枝；对衰弱枝，抬高角度，回缩更新；对树冠下部和内膛枝，要注意及时更新复壮，使其不断产生新的健壮结果枝；树冠上部及外围密枝应疏除，改善内膛光照，疏除下垂枝，但主要部位枝不过密，不宜疏除。

3. 不同年龄时期树的修剪

（1）幼树期 幼树的生长特点是生长旺盛，如不加控制几乎全部为长枝，常在主枝背上萌发竞争枝，形成树中树。此期整形修剪的任务以整形扩冠为主，在尽快形成树体骨架、扩大树冠的同时，兼顾结果，促控结合。整形修剪以夏季修剪为主，冬季修剪为辅，冬、夏结合，多利用摘心、抹芽、拉枝等手段扩冠成形并促发短枝成花。长树和成花，枝叶量是基础，应尽量少疏枝或不疏枝，多留辅养枝，以利早成花结果，多利用生长季摘心促枝。多留枝以各级枝主次分明为前提，防止主次不分，树形紊乱，因此自生长季开始就应严格按树形要求培养各级骨干枝，对影响骨干枝生长的枝条及早改造成枝组，无改造价值的应尽早疏除。冬剪时，根据株行距有空间时主侧枝实行短截，剪去原长的 1/3 至饱满芽处，促进发枝扩冠，主侧枝实行单轴延伸，防止结果部位外移，内膛空虚。内膛有空间时可短截补空，疏除徒长枝、背上强旺枝、密生枝、交叉枝、重叠枝等。树势过强时切忌大量疏除强旺枝或徒长枝，以免影响树体生长，使树体生长旺上加旺或急剧衰弱。

(2) 初结果树 初结果期树的生长特点是树形基本形成，树体营养生长强于生殖生长，枝条生长量仍较大。修剪的任务是进一步扩冠，完成树形培养，尽量多培养各级结果枝组。修剪以冬、夏季结合为好，夏季修剪以疏枝和摘心为主，疏去背上枝、过密枝和部分徒长枝，利用摘心促发中短枝，使果枝丰满，尽快进入盛果期。冬季修剪以疏枝为主，有空间时对主侧枝适度短截扩冠，一般留全长的 2/3，可形成较多的中短枝，有利于早结果。疏除强旺枝、竞争枝、密生枝、交叉枝、重叠枝，大枝过密时应进行清理，改造为大型结果枝组或疏除，切忌大枝过密、小枝稀少、内膛光秃、结果部位外移。骨干枝过于强大时应进行控制，利用弱枝带头或疏去其上过强过旺枝组，削弱其势力。

结果枝组的培养：

① 对树冠外围和主侧枝上部发育枝实行适度短截，剪留枝条全长的 2/3，可形成较多的中短果枝，形成中小型结果枝组。不可短截过重，否则剪口下部芽旺长而抑制下部芽的萌发，引起树冠内膛小枝营养不良，甚至死亡。

② 杏以中短果枝和花束状果枝结果为主，但直接着生在主侧枝上的中短果枝和花束状果枝，培养结果枝组结果早，但分枝少，只靠顶部叶芽逐年向前延伸，寿命最长不过 5～6 年，这种枝组在早期丰产中作用较大，但进入盛果期后易衰退。因此，在主侧枝的中下部，自幼树期整形时就应有计划地利用生长势强的营养枝培养较大的结果枝组，以利盛果期丰产并防止内膛光秃。

③ 主枝或侧枝背上的营养枝演化形成的枝组有效结果寿命最长，但在幼年期间任其自然生长，容易直立旺长形成“树上树”，

应采取“直出斜养”的手法，使枝组的基部着生于主侧枝上，而其分枝则呈水平状态。

④ 角度大的营养枝，萌发力强，可形成较多的长、中、短果枝。对斜生角度大的营养枝，可采取轻截或缓放的手法，待大量果枝形成后再分期缩剪，形成分枝较多的结果枝组。

⑤ 将辅养枝回缩改造成大型结果枝组。

(3) 盛果期树 此期的生长结果特点是，枝条生长量明显减小，树体大小、树形结构已形成，果枝丰满，生殖生长占优势，产量最盛。盛果后期树冠内膛、下部枝组出现衰弱迹象，结果部位外移。此期修剪的主要任务是以枝组的更新修剪为主，多利用冬季短截促发营养枝，形成新的中短果枝和花束状果枝，维持生殖生长与营养生长的平衡，延长盛果期年限。修剪以冬季修剪为主，夏季修剪为辅。

① 枝组回缩。枝组的衰退速度与其上花量和结果量过多有关，冬剪时应对枝组进行细致修剪。试验表明，对花枝成串的枝组进行冬季回缩修剪，可明显提高坐果率并增加单株坐果数（表 2-4）。枝组回缩后枝轴缩短，更靠近骨干枝，不仅坐果率得到提高，而且增强其长势，促发营养枝，形成新的结果枝，防止早衰、内膛光秃、结果部位外移。除枝组回缩外，对角度过大或下垂的大枝及时回缩，增强生长势。

表 2-4 杏树枝组回缩修剪反应（罗新书等，1982）

品种	处理	花芽数（个/株）	剪下花芽数（个/株）	留花数（朵/株）	坐果数（个/株）	坐果率（%）
红玉杏	缩剪	8 126	2 874	5 252	255	4.85
	对照	5 713	0	5 713	122	2.14
泰安水杏	缩剪	3 643	901	2 742	216	7.88
	对照	3 647	0	3 647	72	1.98

② 培养强旺结果枝组。盛果期时，对树冠内膛和主侧枝中下部的强发育枝或徒长枝有空间时进行中短截，培养较大结果枝组。

对背上枝采取重短截或夏季摘心的方法培养小型结果枝组。

③ 疏枝。盛果期时，疏除树冠上部及外围过密枝、交叉枝、重叠枝，改造上部及外围过大过密枝组使之小型化，以增加树冠内膛光照。对树冠中下部衰弱的短果枝和枯死枝要疏除，以节约养分，增强树势。

④ 维持骨干枝头的势力。冬剪时对衰弱的枝头在有强枝处回缩或用背上强枝换头，维持树势，防止早衰。

（4）衰老期树 衰老期树的特征是树冠外围枝条生长量很小，枝条细弱，花芽瘦小，骨干枝中下部光秃，内部枯死枝增加，结果部位外移，产量和品质明显下降。此期修剪的主要任务是更新复壮骨干枝和结果枝组，恢复树势。杏潜伏芽数量多，寿命长，冬季对骨干枝中后部空虚的地方进行重回缩，迫使潜伏芽萌发，对发生的徒长枝中短截培养新的结果枝组。枝头下垂的主侧枝选择角度较小、生长健旺的背上枝作延长枝。

（七）花果管理技术

1. 提高坐果率

通过选择自花结实率高和完全花比率高的品种、合理土肥水管理、整形修剪、病虫害防治、树势化学调控、疏花疏果等手段，养根壮树，提高树体的贮藏营养水平，提高花芽的数量和质量，减少退化花，是提高坐果率的根本措施。

（1）花期前后追肥 以氮肥为主，可土壤追肥与叶面喷肥交替进行。开花前及时追施速效氮肥可弥补贮藏营养不足，保证开花整齐、授粉良好，提高坐果率。花后追施速效氮肥，配合适量磷、钾肥，可弥补开花对营养物质的消耗，提高坐果率，促进幼果发育，防止生理落果。

杏树开花早，属虫媒花，因此杏的授粉受精很大程度上受花期天气条件和昆虫活动的影响。在配置授粉品种的基础上，应采取措施确保坐果率，防止有花无果现象发生。

（2）人工授粉 花期如遇低温、阴雨、大风等不良天气，应进行人工授粉。先采集授粉品种的“铃铛花”或初开尚未散粉的花，取下花药，在 20～25 ℃干燥的室内阴干收集花粉，装入小瓶。在花粉量少的情况下，最好人工点授，这种方法保险，坐果率最高。方法是用食指蘸取花粉，向柱头上点授，蘸一次可点授 3～5 朵花。

（3） 盛花期喷 0.2％硼酸或 0.3％硼砂溶液，可有效促进花粉管伸长，加快授粉受精过程，明显提高坐果率。空气干燥时喷水会延长柱头寿命，延长花期，对提高坐果率也有明显效果。

（4） 多花弱树贮藏营养不足时，在通过冬剪疏除多余花芽的基础上，在坐果后结合喷药喷布一次 0.3％～0.5％尿素水溶液，可明显促进幼果的生长，提高坐果率。

2. 疏花疏果

杏坐果率过高时会加重生理落果现象（杏生理落果严重），造成树体营养的浪费，还会导致果实变小、风味变劣，商品价值下降，因此必须严格疏花疏果。从节约营养的角度看，原则上疏花疏果越早越好，即疏果不如疏花，疏花不如疏花芽。在授粉树配置良好、能够确保坐果率的基础上，可结合冬剪短截多疏弱枝，疏除过多花芽，减轻疏果压力，花期结合人工授粉疏除晚开的劣质花。疏果时间通常在谢花后 20～25 d，即在坐果后开始至硬核前结束。疏果时首先疏除畸形果、小果、病虫果，保留好果。疏果可一次完成，疏果量应根据树体大小、树势、管理水平而定。一般中等管理水平的杏园，每 667 m^2 的产量控制在 2 500～3 000 kg 较为适宜。但疏果时应保留 10％的保险系数。疏果时按照先上后下、先树冠内膛后树冠外围的顺序，防止碰落果实。一般强旺枝营养条件好，宜多留果，弱枝宜少留，留果间距以 5～8 cm 为宜。

3. 增大果个

有条件的地区，最好选择背风向阳的山体南坡，具温暖湿润的山区小气候条件的地域建园，使杏提早成熟，果实品质也能够显著提高。早春土壤解冻后刨松土，立即覆盖地膜，提高土壤温度，促进果实提前成熟。另外，春季大水漫灌会显著降低地温，虽有延迟开花预防霜冻的作用，但不利于果实提早成熟。

果个大小决定于两个因素，一是细胞分裂的数目，二是细胞的体积大小，细胞体积主要取决于胞间隙。果实细胞的分裂主要在幼果期，果实细胞的膨大主要在果实生长发育的后期，近成熟时膨大速度最快。幼果细胞旺盛分裂期和果实细胞迅速膨大期是增大果个的两个关键时期，此时应保证树体有充足的肥水供应。另外，配置适宜授粉树，保证授粉受精良好，及时疏花疏果，采果后注重贮藏营养的积累，形成高质量的花芽也是增大果个的必要条件。

4. 花期预防霜冻

杏树花期早，常受晚霜影响，多数品种又是自花不实类型，使花芽、花蕾、花器或幼果受冻成灾。为年年稳产，花期管理特别重要。山东杏盛花期常由于寒流引起强平流霜冻或平流辐射霜冻，温度下降到－5 ℃左右，而且持续时间长达 2 d 以上（每 10 年 1～2 次）。对此，目前只能通过选择背风向阳的园地，尽量减少这种强低温伤害。而对于－2～0 ℃的短时间的一般低温影响，可以通过栽培措施减轻。当萌动的花芽受到霜冻，外观变褐色或黑色、鳞片松散、不能萌发，而干枯脱落。花蕾期和花期受霜冻，雌蕊最不耐冻。幼果期霜冻，严重时表现为畸形，发育缓慢，最后脱落，幼叶受冻，叶缘变色，叶片萎蔫。

（1）营造防风林 防风林带能创造良好的小气候，但缓坡地下部的林带宜稀不宜密，不透风的林带之间容易聚积冷空气而形成霜穴，使冻害加重。

（2）选择背风向阳和地势较高处建园 一般情况下，小盆地、密闭的谷地、山坡地的下部或底部等冷气易于积聚，容易受霜冻危害。所以，应该避免在上述易受霜冻危害的地带建立杏园。

（3）延迟花期 花前 25 d，对树体喷布 1%石灰水，降低体温，延迟开花 3～5 d，避免早来的强低温影响；依天气预报，在降温前 1～2 d 浇水，以缓和气温下降程度；盛花期易发生辐射型轻霜冻，可在发生前 2～3 h（一般为晴朗无云夜间 3 时左右），在杏园内堆草点火熏烟，以减缓温度急降。

（4）熏烟防霜 在温度低于－2 ℃的情况下，可在杏园内熏烟。熏烟能减少土壤热量的辐射散发，同时烟粒吸收湿气，使水气凝结成液体而放出热量，提高气温。熏烟防霜应预先准备好发烟材料，根据当地气象预报，在有霜冻危害的夜晚，当温度降到 5 ℃时即点火发烟，逐渐使烟幕布满果园，并持续一段时间，以减轻霜冻危害。

（5）喷灌 霜冻来临时，开始喷灌。水遇冷空气后冷凝放出潜热，增加温度，减轻冻害。当气温过低，喷灌的水分会在花和幼果上结一层冰壳，冰壳内温度在 0 ℃以上，可使花的幼果免受冻害。

（6）采取栽培措施 加强土肥水管理，增强树势，提高抗霜能力。如根外追肥，提高树体营养水平，增加细胞液浓度，提高抗霜能力。受霜冻危害后，为促进树体健壮生长，应尽快恢复树势。

（八）杏保护地栽培技术

1. 建园

杏保护地栽培多为当年定植、扣棚，翌年结果。选择排灌便利、土质疏松、pH 5.2～6.8 的沙壤土建园，地势开阔，光照充足。棚体大小影响增温、保温性能。棚体大，保温效果好，但升温慢；棚体小，升温快，但保温效果差。棚体东西走向，长 50～100 m，宽 7～9 m，前排支柱高 1.2 m 左右，脊顶高 3.2 m 左右。墙体厚度不低于 1 m，棚面采用琴弦式结构，微拱弧形，易于采光。

定植时在棚内地面挖深 60 cm、宽 80 cm 的定植沟，表土与底土分放，填土时先填底土至沟深的 1/3，再把表土与有机肥混匀填平，然后浇大水沉实。每棚施鸡粪 6～8 m^3（每 66.7 m^2 棚地施鸡粪 1 m^3）或 4 000 kg 优质土杂肥、氮磷钾复合肥 20 kg，为防止地下害虫可拌入 2 kg 1605 颗粒药剂。注意有机肥要充分腐熟并与土壤混匀，近定植沟边沿处多施，防止烧根。选根系发达、芽体饱满、枝条粗壮的成苗，将根系浸水 24 h，以利成活。然后用 0.3%硫酸铜溶液浸根 1 h 或 3 波美度石硫合剂喷布全株消毒。

3 月中下旬地温上升后即可栽植。苗木实行分栽，即根据棚体结构把小苗栽于南面，大苗栽于北面。栽后立即浇透水，覆膜，提高成活率。最南一行定干 30 cm，最北一行定干 50 cm，南低北高形成一斜面。为提高早期产量要实行高密栽培，采用的株行距有 1 m×1.5 m、1 m×2 m、1 m×1 m×2 m 等几种。每棚室选一个主栽品种，配置 2～3 个授粉品种，主栽品种与授粉品种比例为（5～8）∶1。

2. 扣棚前管理

（1）扣棚前促长促花技术 苗木成活后于 5 月底除去地膜，每隔 15～20 d 追肥一次（每次每棚追施 5 kg 尿素＋3 kg 磷酸二氢钾），一直持续到 7 月上中旬。视天气情况浇水 2～3 次，保持土壤含水量为土壤最大持水量的 60%～70%，有微灌条件的追肥后立即灌水。追肥后划锄灭草，松土保墒。增施叶面肥：每隔 15 d 左右结合喷药喷布一次叶面肥，前期为 0.3%尿素＋0.3%磷酸二氢钾，后期为 0.3%磷酸二氢钾＋0.2%光合微肥。

萌芽后及时除去萌蘖，减少养分消耗。可采用自由纺锤形和开心形两种树形。设施高密栽培条件下杏树采用纺锤形整形树势稳定，光照条件好，可实现立体结果。7 月上旬骨干枝新梢达 50～60 cm时及时实施控旺促花措施。每 20 d 左右追肥一次，以磷、钾肥为主，适度控氮，每次每棚用尿素 2 kg、磷酸二氢钾 4 kg、硫酸钾 2 kg。适度控水，雨季排涝，雨后划锄松土。扣棚前冬剪量宜轻，以疏枝为主。采用长梢修剪法，长留长放，中长果枝缓放不剪，短截下垂细弱果枝。疏去无花营养枝、强旺枝、病虫枝、过密枝、重叠枝及延长头竞争枝，疏除量一般不超过总枝量的 10%。9 月中旬前后结合土壤深翻每棚施入 3～4 m^3 充分腐熟的鸡粪、尿素 6 kg，磷酸氢二铵 5 kg，硫酸钾 5 kg，施肥后立即灌水。

(2) 临扣棚前修剪、水肥管理及覆盖地膜

① 整形修剪。在搞好夏季修剪的基础上，树体结构、枝量较为合理，因此扣棚前冬剪量宜轻，以疏枝为主。采用长梢修剪法，长留长放，中长果枝缓放不剪，主枝长放，不短截，以免促发长枝过多，恶化内膛光照，影响冠内小枝成花、结果和寿命，适当短截树冠内膛下垂细弱果枝，提高坐果率，维持其结果寿命。疏去无花营养枝、过高过大枝组、强旺枝、病虫枝、过密枝、重叠枝及延长头竞争枝，疏除量一般不超过总枝量的10%。除疏枝、适当短截下垂细弱果枝外，采用拉枝、撑枝、坠枝等方法降低树体高度，树高以低于棚膜20～40 cm为宜。扣棚前树体修剪的时期可提早至落叶前进行，试验表明，落叶前带叶修剪可使花期提前2～3 d。

② 水肥管理。9月中旬结合土壤深翻每棚施入3～4 m^3 充分腐熟的鸡粪、尿素6 kg、磷酸氢二铵5 kg、硫酸钾复合肥5 kg，施肥后立即灌水。扣棚前灌水。扣棚前灌一次大水，可满足扣棚后杏树对水分的需求，减少扣棚后的灌水次数。

③ 覆盖地膜。地面覆盖地膜不仅可减轻或避免由于扣棚后气温和地温变化不协调而导致杏树生长发育不良的现象，而且使土壤水、肥、气、热、化五大肥力水平得到同步改善，利于杏树生长，覆膜还能达到降低空气湿度、减轻病虫害的发生、防止杂草等效果。覆膜后坐果率明显提高，促进首批叶的生长，叶面积大，转色快，叶色浓绿，光合作用增强，利于根系发生和生长，提高产量且杏果早熟，加速植株生长。

杏日光温室栽培为使气温、地温同步升高，一般在扣棚前30～40 d覆盖地膜。覆膜过晚，如临近扣棚或扣棚后覆盖地膜对提高地温作用不大，甚至由于阳光反射作用使地温更加降低，效果适得其反。

由于覆膜后土壤有机质矿质化加剧，覆膜应以增施有机肥为基础，维持土壤有机质水平，防止腐殖质矿质化过快，而影响土壤肥力。因此，覆膜应在施足有机肥、灌透水后进行。覆膜时要使地膜与地面紧密接触，松紧适中，展开的地膜无折皱和斜纹。地膜边缘入土深度应达到 5 cm，并且尽量垂直压入沟内。为使以后施肥、灌水方便，可在膜上扎一些孔。

3. 扣棚后管理

(1) 扣棚 扣棚时期一般为 12 月下旬至 1 月上旬，过早扣棚需冷量得不到满足，休眠不解除则不能正常生长，开花不齐，坐果率低；过晚扣棚则达不到提早上市的目的。扣棚后应加覆地膜以提高地温和花期降湿。

(2) 提高坐果率的技术措施 由于棚室密闭无风、湿度大、缺乏传粉媒介、花粉生活力下降等原因，导致坐果率降低，因此需采取多种措施提高坐果率，维持较高产量。

① 根据品种的低温需求量以及当年的天气条件慎重决定扣棚时间，切勿提早扣棚。若需冷量未得到满足，自然休眠未结束即扣棚生产，则坐果率明显降低，甚至没有产量。

② 蜜蜂授粉。蜜蜂授粉省工、省时，授粉效果好。自然条件下一般在 3 月中下旬气温达 12 ℃以上时蜜蜂开始出巢活动。日光温室栽培正常情况下扣棚后 25～30 d，即 2 月初开花，此时蜜蜂还处于冬眠状态，为解除其休眠，在开花前 1～2 d 将蜂箱搬进大棚内接受锻炼，促使其出蛰，同时在蜂箱门口放一平盘，盘内放少许糖和水，水深以不超过 0.4 cm 为宜，旨在蜜蜂出箱后补充营养上花。

一般每 667 m^2 以下的大棚，每棚放 1 箱蜂（1.2 万头以上）即可，必要时每棚可放 2 箱蜂，以加强授粉效果。

杏花初开时，将蜂箱门打开，同时密切注意室内温度情况，当气温升至 12 ℃时，个别蜜蜂爬出蜂箱，饮盘内糖水；当气温升至 13 ℃时，蜜蜂抖动双翅，做展翅准备，少数开始上花，部分在补充营养；气温达 15 ℃时，全部工蜂均已出箱，多数开始上花；气温达 18 ℃时，蜜蜂纷飞如穿梭，20 ℃时达到高峰。谢花后把蜂箱搬出。

③ 壁蜂授粉。壁蜂能抗低温，在气温达 12 ℃时即能正常出巢

进行授粉，同时访花速度快，授粉能力强。壁蜂传粉以凹唇壁蜂为最好，它的传粉效率为蜜蜂的 80 倍。壁蜂授粉一般每 667 m^2 放蜂 50～100 头即可。

④ 人工授粉。人工授粉虽费工费时，但效果好，操作简单易行，若人工授粉与放蜂授粉结合进行，效果最好。

取粉：授粉前，在铃铛花或杏花初开时采集棚内所有品种的花朵，带回室内，去掉花瓣、花丝，只留下花药；把花药平摊于干净光滑的白纸上，放在温暖干燥的地方阴干，或白纸上方悬挂一个 60 W 或 100 W 的白炽灯泡或放在火炕上（25～30 ℃）干燥，加速散粉。1～2 d 后花药开裂，黄色花粉散出，可筛去花粉壳，得到纯净的花粉，将其收集起来混合后装瓶，妥善保存备用。切勿将花药裸晒在阳光下，以防失活。若棚内授粉树少，可采用扦插多品种杏花枝收集花粉的方法，来弥补花粉的不足。即于扣棚后，从棚内或露地剪取长 30～40 cm 的多个品种的杏花枝进行培养采粉。由于温室内花粉育性低，露地花枝花粉质量更好。采集花枝时将杏花枝分品种扦插于棚内沙坑中，深度为 5 cm 左右。插后浇透水，保持湿润状态，并加盖 1 m 高的塑料小拱棚，以便根据需要调节拱棚内的温度，使其与大棚内的杏树同时开花。棚室内开花的杏树花粉生活力低，为提高授粉效果，可采取“贮藏花粉”授粉，即从前一年露地杏园内采集花粉收藏备用。据徐家秀（1982）试验，采集的花粉放在装有干燥氯化钙或硅胶（吸湿剂）的棕色瓶中，瓶口密封后，外加黑色塑料袋，扎紧袋口，再放入 0～5 ℃的冰箱中，相对湿度保持在 20%～30%。在干燥、黑暗、低温条件下存放一年后，发芽率仍可达 87%。使用前，要先做发芽试验，鉴定其生活力，如果花粉的生活力可达 70%以上，即可使用。从露地采集花枝或采粉时，可自山杏、实生杏树采取，这些树花粉量大，生活力强。

授粉方法：为节省花粉、提高工效，可采用点授法。方法是把花粉和滑石粉（或淀粉）按 1∶(2～3) 的比例充分混合后，用铅笔橡皮头或软毛笔等工具，进行蘸粉点授。杏花繁多，不易区分完全花与不完全花，人工点授较费工，可采用液体喷粉的方法。即每

50 g 花粉加水 100 kg，再加蔗糖 500 g，混匀后配成花粉水悬液，立即用喷雾器向花上喷布，注意雾点要细，一喷即过，无须过多，重点喷较粗壮的中短果枝和花束状果枝（有效果枝）上的花。上述数量的花粉可供 667 m^2 成年结果树所需。花粉水悬液的配制可混加尿素和硼砂（或硼酸），提高授粉效果，配制比例为 100 kg 水＋200 g 硼砂＋200 g 尿素＋200 g 蔗糖＋50 g 花粉，注意浓度不可过高，以免发生肥害。

授粉时间：据试验，杏花的最佳授粉时间是在花开后 0.5 h，开花后 4 h 授粉坐果率为 75%，开花后 16 h 坐果率为 60%，开花后 48 h 坐果率降低到 37.8%。因此，人工授粉以开花后 4 h 内完成效果最好，最迟不能超过开花后 48 h，随开花时间的延长，授粉效果越来越差。杏花期短，单花期仅 2～3 d，单株花期 8～10 d，但盛花期仅 3～5 d，花开后 1～2 h 花药即开裂，10～20 h 花粉基本散完，因此人工授粉须尽快进行。采用液体喷粉时可在盛花期大量花刚开时进行，一天中以上午 9～10 时授粉效果最好。采用人工点授时可从杏花初开即开始进行，根据单花期不一致的特点进行多次授粉，提高授粉效果。

⑤ 搞好花期温、湿度管理。温度是左右花期长短的重要因素，应防止花期温度过高或过低，据试验，开花适温为 11～13 ℃，花期温度稍低有利于延长花期，提高授粉效果。

⑥ 花期环割。在杏树谢花后，要对开花枝组进行环割，一般每枝割 3～5 道，环道间距在 2～3 cm。割道 1～2 周即可愈合。此法可明显提高杏树的坐果率。

⑦ 喷布生长调节剂和微肥，提高坐果率。盛花期叶面喷洒 0.2%～0.3%硼砂或硼酸，或 0.3%硼砂＋0.3%尿素可明显提高坐果率。但有人通过试验得出结论，花期喷硼对蜜蜂有一定的不良影响。盛花期喷 0.2%尿素、50 mg/L 赤霉素、100 mg/L IBA（细胞分裂素）、0.2%硫酸锰和 0.5%钼酸钠等均可提高坐果率。花后 5～10 d 喷 10～50 mg/L 赤霉素（GA_3），可促进坐果。花后 2 周喷洒赤霉素及其混合液、防落增色剂和防落素等，可以提高坐果率

10%～90%。盛花期和幼果期喷两次 600 mg/L 稀土可提高坐果率和果实品质。

(3) 合理疏花疏果 采取以上措施促进坐果后一般坐果率高，负载量大，应进行疏花疏果。杏花量大，完全花与不完全花难以辨别，为确保产量，杏日光温室栽培不提倡疏花，应在坐果后根据坐果情况合理疏果。合理疏果可促进果大而整齐，提高品质和价格，减少养分消耗，降低生理落果，促进花芽分化，利于连续性生产。若花量大，也可进行疏花，早开的花一般质量好，疏花时应保留早开的一批花，适当疏除晚开花，也可在冬剪时短截较弱串花枝或花期复剪，以节约贮藏营养。

① 疏果时期。杏坐果后幼果进行旺盛的细胞分裂，坐果过多营养不足会严重影响果实增大，应尽早疏果，疏果越早效果越好。一般在花后 3～4 周，即 2 月底 3 月初的脱萼期（花萼基部和侧方裂开，受精子房开始膨大后至绿豆粒或黄豆粒大小时）进行。此时正值幼果旺盛细胞分裂期，疏果后可集中营养促进细胞分裂，有利于长成大果。

② 疏果方法。疏果时，先去掉小果、病虫果、畸形果和无叶枝上的果，然后再根据枝量和距离，稀疏弱枝果和密挤果。一般花束状果枝留 1 个果，短果枝留 1～2 个果，中果枝留 2～3 个果，长果枝留 4～6 个果，旺枝多留，弱枝少留，对着果偏少的大中果枝，可酌情留果，以增加产量。徐永芳等对凯特杏日光温室栽培的调查结果表明，进行人工疏果的，翌年花芽充实，完全花比率高达 84.6%，自然坐果率 24.7%。

(4) 环境管理

① 光照。杏树是强喜光性树种，棚室内光强仅为自然光强的 60%～70%，加之高温高湿，果树光合能力下降，枝条易徒长，果实品质变劣。因此，增加棚室内光照度是增产增质的重要手段。应选择透光性强的无滴膜，大棚建造方位，以坐北朝南东西向偏西北 5°为宜，其跨度 7 m 左右，大棚内地面覆盖薄膜有增加室内散射光的作用。为充分利用光能，在晴朗的天气，可采取早拉、晚盖草苫

子，以满足杏喜光要求。

② 温度。温室内温度变化的一般特点是昼夜温度变化大，夜间和阴雨天温度极低，晴朗的白天中午即使室外温度很低，但室内仍可达到很高的温度，甚至接近 40 ℃。温度管理的特点是，杏树萌芽、开花、坐果至生理落果前，白天温度不能过高也不能过低，否则花器官发育畸形或受冻，极大降低坐果率。尤其是杏树在解除自然休眠后至开花，花器官需进一步成熟和分化，因此扣棚后应逐步升温，防止升温过快过高，气温与土温不协调（土温滞后于气温）导致先芽后花，树体徒长，后期营养不良造成大量落花落果。杏树花期短，开花早，花期要求温度较低，以延长花期，提高坐果率。果实生长发育的后期可适当提高室内温度，可增强光合作用，促进提早成熟。各期温度见表 2-5。

表 2-5 大棚温度管理标准（℃）

物候期	最高气温	适宜气温	最低气温	10 cm 处地温	30 cm 处地温
花前期	18～25	6～11	0	6～11	4～9
开花期	16～18	11～13	6	12～13	10～11
果实第一速长期	20～25	13～18	7	14～19	12～16
果实硬核期	26～28	18～22	10	19～24	17～20
果实第二速长期	27～32	22～25	15	24～27	20～24

③ 湿度。大棚湿度包括空气湿度和土壤湿度两方面。空气湿度多数情况下偏大，室内温度高时湿度小，温度低时湿度较大。土壤湿度在灌足防冻水、浇透花前水时即能满足对土壤水分的要求。大棚内空气湿度受土壤水分蒸发、杏树叶面蒸腾和通风的影响。一般阴雨天气下，棚内空气相对湿度高达 90%以上。采用无滴膜，地面进行地膜覆盖，湿度大大降低。在阴雨天，高湿环境下，尽量避免叶面喷肥、打药等，若因病害严重必须用药时，可用超低容量喷雾法，避免叶面滴水。特别注意花期湿度要求较低，湿度过大影响授粉受精。

温度和湿度是影响棚室杏生长发育的重要环境因子，温度越低，湿度越大。从扣棚至采收，空气相对湿度不超过85%，否则病害加重。温度的调控可采取加厚保温覆盖材料（可用双层草帘），采用新型复合保温材料，加厚墙体，后墙培防寒土、立防寒草帘、围塑料薄膜，棚体周围挖防寒沟（宽40～50 cm、深50～60 cm），埋入杂草、农作物秸秆、锯末等保温材料，必要时采用增温设施增温。湿度的调节可通过开天窗降温排湿，也可采用无滴膜覆盖，减少灌溉次数和灌水量，改传统的大水漫灌为滴灌、渗灌及地表覆盖地膜等。

④ CO_2 施肥。出于增温保温的需要使开启天窗换气受到限制，加之高密栽培棚室内 CO_2 浓度会由于叶片的光合作用消耗迅速下降，果树由于 CO_2 浓度太低处于饥饿状态，光合作用下降。增施 CO_2 可提高叶片的光合作用（尤其在棚内弱光条件下），提高产量和品质。除开天窗换气外，还可采用施用 CO_2 气肥（目前已有成功的 CO_2 施肥器，每667 m^2 施40 kg）、燃烧白煤油和液化石油、增施有机肥等方法增加棚室内的 CO_2 浓度。

（5）树体及肥水管理 过密过旺新梢可疏除一部分，余下的连续摘心。及时吊枝，改善树体下部光照条件。树体过旺可整株喷布15%多效唑可湿性粉剂300倍液，防止树体过旺新梢徒长导致生理落果。果实膨大初期和硬核期，每株施尿素和磷酸二氢钾各30 g，施后灌小水，防止土壤湿度过大，树体徒长，生理落果加重。设施高密栽培条件下单位产量吸收的养分比露地栽培有所减少，叶面追肥是提高树体营养水平、提高产量和品质、促进花芽分化必不可少的重要措施。花后2周叶幕形成后结合喷药每隔2周进行一次叶面喷肥，配方为0.2%尿素+0.2%磷酸二氢钾+0.2%光合微肥。

（6）采前果实管理

① 摘叶。果实成熟前10 d进行摘叶增色，摘除贴果叶、果实周围的遮光叶，疏除树冠上部遮光严重的旺长新梢，以利果实着色。

② 吊枝和拉枝。即用细绳或铁丝把下垂果枝吊起，使之能受

到阳光照射，采用吊枝和拉枝调整枝的方向，向缺枝部位调整，使树冠枝条分布均匀。

③ 铺设反光膜。通过吊枝和拉枝，在行间留出 0.3～0.4 m 宽的透光带，在透光带下铺设 1 m 宽的铝箔单层反光膜，可改善树体下部光照条件。

4. 揭棚后的管理

棚室内生产的杏果皮薄，表皮结构松弛，保护组织发育不完善，对环境条件的变化反应敏感，一般在果实采收后揭除棚膜。若果实生长后期气温高，也可先加强放风锻炼，使果实充分适应外界条件后可带果揭去棚膜，揭膜后果实花青素合成旺盛，可增进着色。如果突然揭去棚膜，果实由于受强光照射发生大面积日烧，空气湿度骤降，加之风吹，果皮失水皱缩，果面干裂。杏日光温室栽培多于 4 月中下旬果实即采收完毕，果实采收后即可揭去棚膜，杏树在露天条件下进行生长发育，揭去棚膜后阳光充足，进行老枝叶的衰老更新和新梢的加速生长，根系也开始重新发育。由于棚室栽培地上地下协调性差，生长发育期延长，树体经几年或多年设施栽培后，会出现贮藏营养不足、树冠内膛易光秃死亡、结果部位外移等现象。因此，揭膜后的管理亦十分重要，决不能忽视。揭膜后树体将经过夏季和秋季漫长的生长期，这一阶段管理的主要任务是调控杏树生长节奏，不致徒长，增加树体贮藏养分，促进花芽分化，形成花芽分化量大而质优、树体贮藏养分充足、树势壮稳的丰稳树势，为继续扣棚生产创造最优条件，解决杏的连续性生产问题。

(1) 揭膜时间 果实采收完毕之后，如果外界温度逐渐上升，就可逐渐揭膜。揭膜时不可过急，避免导致“闪苗”，出现生理障碍。正确的揭膜方法是，先经过 6～8 d 的放风锻炼，使植株抗逆性得到提高。当外界日平均温度达到 15～20 ℃时，便可揭掉棚膜，一般山东在 4 月下旬，辽宁南部在 5 月上旬，沈阳以北地区在 5 月中下旬。揭膜时不可全揭，应先将草苫、塑料薄膜依次由底向上逐渐揭掉，前后经过 2～3 d。揭下的草苫和塑料薄膜应仔细卷好，存放在通风、干燥的地方，对棚架、墙体等也要检查修补。

(2) 树体越夏管理技术 揭膜后很快进入夏季，阳光充足，高温多湿，树体极易发生代偿性的新梢徒长，易发生树体顶部“戴帽”现象，此时正值花芽分化旺季，如不加控制，会使树体光照恶化，贮藏养分不足，花芽分化不良，病虫增加，直接影响翌年的产量和效益。因此，夏季管理的重点是控制新梢旺长，促进花芽分化，增加营养贮备。树体越夏管理的具体技术措施如下。

① 结果枝和棚内梢处理。杏以短果枝和花束状果枝结果为主，此类果枝完全花比率高，坐果率高而稳定，当年新梢所形成的果枝多为中长果枝，完全花比率低，坐果率极低。因此，杏采收揭膜后不能对结果枝实行重短截更新。徐永芳在凯特杏上的观察认为，对结果枝实行重短截更新，形成的中长枝虽能成花，但坐果率极低，仅为0.23%，而极短枝和花束状果枝的自然坐果率高达24.7%。扣棚后形成的新梢称为棚内梢。揭棚后对结果枝和棚内梢的处理应以疏剪长放为主，以利形成短果枝和花束状果枝，结果后极度衰弱的细弱果枝经过较长时间的生长，叶片老化，留之生长，增粗困难，不会形成高质量的花芽，即使成花也数量有限，可进行疏除。对其余健壮果枝和棚内梢缓放不剪，任其生长。除膜后对骨干枝进行中度回缩，促进内膛发枝，紧凑树体，骨干枝过多过密过大时应进行疏除，疏除个别过密枝、挡光枝和下部拖地枝，但疏除量宜轻不宜重，修剪量以不超过总枝量的1/10～1/8为宜。修剪过重叶片损失大，影响光合作用，减少养分的形成与积累。疏除过密过弱枝条后，树体光照条件得到改善，光合作用增强，可以集中养分供应剪留的枝条，利于形成短果枝。

② 控制棚外梢旺长。日光温室揭膜之后发出的新梢称为棚外梢。对棚外梢的处理以摘心为主，可连续多次摘心，以增加枝量，促发短枝。同时，利用抹芽、疏梢、抹梢等措施控制棚外梢旺长，稀疏树冠，防止上强及外强现象，导致结果部位外移，树形紊乱。严格控制上强及外强，对背上直立旺梢长到25 cm左右时摘心，到6月下旬共摘心2～3次，促发短枝，外围骨干枝延长梢只保留一

个一次或二次旺长新梢，其余新梢尽早抹除或摘心控制。8月上中旬，回缩过旺的结果枝及直立生长的过高过大的枝组，疏除拖地枝及细弱枝。

③ 多效唑（PP_{333}）的应用。根据树体生长情况，在5月，可叶面喷布15%多效唑可湿性粉剂100～300倍液，连喷2～3次，或土施5～10 g/株，可有效控制新梢旺长，促进成花。

④ 土肥水管理。采收揭膜后，在加强夏季修剪的同时，加强土肥水管理，增强树势，提高贮藏营养水平，促进形成短果枝和花束状果枝，增加花芽分化的数量和质量。采后立即追肥灌水，追肥以有机肥和磷、钾肥为主，适当减少氮肥的施用量，追肥后立即灌一遍透水。采收后叶功能下降，连续叶面喷布3～4次0.2%～0.3%磷酸二氢钾+0.2%光合微肥，提高叶片光合能力，促进养分的转化和积累。杏树怕涝，雨季应特别注意排水防涝，防止涝时伤根，叶片光合作用下降。根据土壤墒情，干旱时及时灌水，灌水应结合土壤追肥进行。

（3）树体秋季管理技术 大棚杏树秋季管理的重点是保叶、养根，以提高树体贮藏营养水平，提高花芽分化质量，对于扣棚后提高坐果率有重要作用。树体秋季管理也是杏日光温室栽培中最重要的技术环节之一，它可以从根本上提高花芽质量和贮藏营养水平，对于扣棚后坐果率的提高以及幼果和新梢发育具有重要作用，决不能忽视。树体秋季管理的技术措施有如下几方面。

① 早施基肥。根据大棚杏树生长期提前的特点，施基肥的时间应比露地栽培提前，应提前到晚夏至早秋。此时施入基肥由于地温高，正值杏树发根高峰，伤根易愈合，并促生大量新根，肥料被根系吸收后，可促进地上部叶片的光合作用，促进花芽分化。肥料以有机肥为主，施肥量要比露地栽培多20%～30%，可每667 m^2施用3 000～4 000 kg腐熟有机肥，施肥后灌一次透水，利于土壤沉实和养分的释放与吸收。

② 叶面喷肥。大棚杏树生育期提前，叶片生长时间长，秋季叶片容易早衰，在早施基肥养根改善叶片功能的同时，应注重叶面

喷肥，提高叶片质量和功能。一般大棚栽培的杏树，立秋后每隔10 d左右喷一次叶面肥，连喷5～7次，肥料以尿素、稀土微肥、氨基酸复合肥、钛微肥等高活性有机液肥为主，可多种肥料交替使用。据试验，9月初对杏树喷布0.5%尿素+50 mg/L赤霉素可显著增强叶功能，延迟叶片早衰，使植株单位干重中积累的同化物比对照增多48.73%，使单位叶干重生产的同化物增加172.08%。

③ 秋季修剪。在夏季修剪的基础上，于8～9月枝条停长后进行拉枝开角，使树冠开张，控制树高，适当疏除直立枝和过密枝，回缩细弱枝，短截部分长果枝，改善通风透光条件，促进营养物质的积累。

（九）主要病虫害防治技术

1. 主要病害及防治技术

（1）流胶病 流胶病是杏和其他核果类果树的重要病害。

杏流胶病可由真菌侵染引发，据报道轮枝孢、黄萎轮枝孢、大丽轮枝孢和蕉孢壳都可引发流胶病。843康复剂可有效治疗真菌性流胶，促进病斑间组织再生，恢复树势，此外甲基硫菌灵可有效抑制菌丝生长、孢子萌发和症状发展。细菌也能引发流胶病，国外强调伤口涂抹杀菌保护剂，用苯并咪唑类药物进行控制。重茬或临近已患流胶病的果园均可引起侵染性流胶病。

除真菌和细菌外，有人认为流胶病为一种生理性病害，由外因诱导内源乙烯大量合成，刺激产生过量的细胞壁多糖导致流胶，如高浓度外源乙烯的施用、虫伤、冻伤、日伤、机械伤等均可引发流胶。在环剥、高接换种、大枝更新、夏剪过重、施肥不当、土壤黏重、土壤酸性太强、农药药害等均可导致流胶病的发生。

症状：流胶病主要发生在枝干和果实上。发病时自枝干的皮或伤口裂缝处流出半透明乳白色柔软的胶状物，遇空气变成黄褐色，干燥后呈坚硬的琥珀状胶块。被害部皮层及木质部常被腐生菌侵染，逐渐腐烂。早春树液开始流动，采果后及降雨后发病加重。流胶严重的枝干细弱，叶片变黄，甚至早期落叶，从而进一步削弱树势。果实发病常由虫伤或机械作业引起，自核内溢出乳白色黏液，附在果面上，使果面逐渐硬化破裂，果实生长停滞，品质下降。

发病规律：该病主要由分生孢子通过雨水传播，经伤口侵入，或从皮孔及侧芽侵入。病菌可潜伏于被害枝条皮层组织和木质部，在皮层中产生分生孢子，成为侵染源。

防治措施：

① 加强管理，增强树势和抗病性。采果后早秋深施基肥，破除土壤板结，涝时及时排水，以基肥优质有机肥为主，与农作物秸秆混合施入，同时加少量速效氮肥，促其腐烂分解。树盘覆草可以增加土壤有机质含量，改善土壤结构和通气状况，创造有利于根系的土壤环境。浅锄树盘，严防杂草丛生。

② 避免造成大的伤口。较大剪锯口要涂以铅油等防腐剂保护，高接换头或大枝更新后，萌发出的新枝不可一次疏除太多，以防日烧造成流胶。树干涂白，防止冻伤。

③ 及时消除蛀干害虫，控制氮肥用量。

④ 发病树刮除流胶，然后用 5 波美度石硫合剂进行伤口消毒，或用 1 kg 乳胶＋50％退菌特可湿性粉剂 100 g 进行伤口消毒，杀灭病原菌。

⑤ 忌重茬，老弱核果类果园周围不宜建园。

（2）根腐病 多由须根侵染，幼树比成龄树更易感病。

症状：首先部分须根出现棕褐色近圆形病斑，随着病情加重病斑逐渐扩大，侧枝和部分主枝开始腐烂，韧皮部变成褐色，木质部坏死、变黄或腐烂。该病 5 月上旬地上部开始表现症状，一直持续到 8 月中下旬。初期部分叶片向上卷曲，叶片小而色浅，新梢萎蔫，生长缓慢，继而叶片失水或焦枯，病株树势衰弱，重者整株死亡。

病原：杏根腐病的病原菌属瘤痤孢目瘤痤孢科镰孢属的尖孢镰刀菌和茄属镰刀菌。

发病规律：土壤瘠薄和板结是发病的主要原因。当年降水量大，排水不良的园片发病重。偏施氮肥发病重，注重施用有机肥和磷、钾肥的发病轻。

防治措施：

① 建园时不要选择黏重地、涝洼地和重茬地。

② 加强土壤管理，增施有机肥及磷、钾肥，适时灌水，浅锄树盘，雨季及时排水，进行中耕松土，增强土壤透气性，合理负载，增强树势和抗病力。

③ 发病时剪除烂根，并进行药液灌根。剪除病根时要仔细，清除干净，同时用高浓度杀菌剂进行伤口消毒。每株施用 10 kg 硫酸铜液，或用 5 波美度石硫合剂、50%多菌灵可湿性粉剂 500 倍液、50%退菌特可湿性粉剂 200 倍液、50%代森铵水剂 200～400 倍液、硫酸铜 200 倍液、10%双效灵（混合氨基酸络合铜）水剂、200 倍液或 75%五氯硝基苯可湿性粉剂 800 倍液进行灌根。药液灌根可在早春及夏末各进行一次。

(3) 细菌性穿孔病 主要危害杏树叶片，也危害小枝及果实。空气湿度大时病情严重，引起早期落叶，枝梢枯死，严重削弱树势。

症状：叶片发病后，在叶脉处出现水渍状不规则圆斑，随之扩大，变成红褐色，斑点周围有黄绿色晕圈。以后病斑干枯脱落，形成穿孔，或有一部分与叶片相连，若干病斑相连形成大的孔洞，严重时引起落叶。

病原：细菌性穿孔病的病原菌为短杆状细菌，一端有鞭毛，无芽孢，革兰氏染色阴性反应。

发病规律：病原菌在枝条发病组织内越冬，翌春随气温回升，潜伏的细菌开始活动。开花前后，病菌随汁液从病组织中溢出，借风、雨或昆虫传播，经叶片气孔、枝条和果实的皮孔侵入。叶片一般 5 月发病，夏季干旱发病缓慢，进入雨季后高温高湿发病重。

防治措施：

① 加强管理，增强树势，提高抗病力是防治该病的根本措施。

② 及时通风，地面覆盖地膜，降低室内空气湿度。

③ 结合冬剪，彻底清除枯枝落叶，消灭越冬病原。

④ 喷布5波美度石硫合剂或75%百菌清可湿性粉剂400倍液+40%乙磷铝可湿性粉剂400倍液，展叶后喷硫酸锌石灰液（硫酸锌∶石灰∶水=1∶4∶240）或65%代森锰锌可湿性粉剂300～500倍液防治。

(4) 疮痂病 又称黑星病，主要危害果实，也危害枝叶。

症状：发病部位多在果实肩部，初期果实病斑为暗绿色近圆形小斑点，以后逐渐扩大，严重时连接成片。果实近成熟时，病斑呈黑色或紫黑色。病斑仅限于表皮，病斑组织枯死后果实继续生长，病果发生裂果，形成疮痂。

病原：杏树疮痂病的病原菌为有丝分裂孢子真菌，丛梗孢目暗色孢科。

发病规律：病原菌以菌丝体在杏树枝梢的病部越冬。翌年4～5月产生分生孢子，随风雨传播。分生孢子萌发产生芽管，可直接穿透寄主表皮的角质层而入侵。大棚环境下发病较重，应注意防治。

防治措施：

① 结合冬春季修剪，剪除病枝，集中烧毁，减少越冬病原指数。

② 药剂防治。喷布索利巴尔100倍液，落花后喷布14.5%多效灵水溶性粉剂1 000倍液，或25%甲基硫菌灵可湿性粉剂1 000倍，或65%代森锌粉剂500倍液，或50%多菌灵可湿性粉剂700～800倍液。严重时隔半个月后再喷一次，试验表明，连续喷布两次多效灵对果实疮痂病有明显的防效。

(5) 褐腐病 又称菌核病、灰腐病、实腐病。

症状：该病在高温高湿的环境下易发病，是杏棚室栽培的主要病害之一。主要危害果实，也危害花、叶和枝梢。花期温度低而湿度大时杏花易受害。花瓣尖端和雄蕊首先发生褐色水渍状斑点，逐渐蔓延至全花，整朵花变褐枯萎。天气潮湿时病花迅速腐烂，表面丛生灰霉，天气干燥时病花干枯，不脱落。嫩叶受害后自叶缘开始变褐，枯萎下垂。侵害花和幼叶的病菌菌丝可逐渐蔓延至果梗和新梢上，新梢发病后病斑常流胶，严重时新梢枯死。空气潮湿时病斑丛生灰霉。果实自幼果期至成熟期均可发病，接近成熟期时受害最重。果实受害初期产生褐色圆形病斑，条件适宜时发病极快，病斑数日内便可蔓延至全果，果肉变褐软腐，表面长出圆圈状灰白色霉层，即分生孢子堆。病果少数脱落，多数失水干缩，成为黑色僵果挂在枝上。

病原：属子囊菌亚门盘菌纲柔膜菌目核盘菌科链核盘菌属。

发病规律：病菌主要在病果和病枝上越冬，翌春天气转暖后产生分生孢子，靠风雨和昆虫传播，成为初侵染。气温 20～25 ℃，阴湿多雨天气时发病最重，初侵染病菌可继续产生分生孢子，引起再次侵染。大棚条件下高温高湿，发病重。

防治措施：

① 清除病果和病枝等集中烧毁或深埋，减少初侵染来源。

② 发芽前全株喷布 5 波美度石硫合剂杀灭病菌，同时消灭蚜虫。落花后喷布 65%福美锌或 65%福美铁可湿性粉剂 400 倍液或 65%代森锰锌可湿性粉剂 400～500 倍液，连喷 2～3 次。果实成熟前 1 个月全株喷布 70%甲基硫菌灵可湿性粉剂 800～1 000 倍液或 50%多菌灵可湿性粉剂 1 000 倍液。采果后喷布 40%百菌清可湿性粉剂 400 倍液或 25%吡唑醚菌酯悬浮剂 2 000 倍液，可控制枝叶染病。

(6) 杏疔病 又称杏黄病、树疔、红肿病、叶枯病等。

主要危害新梢、叶片，也危害花和果实。被害新梢生长缓慢，节间短，新梢变粗，表皮初为暗红色，后变黄绿色，其上生有稍突起的黄褐色小粒点，严重者病枝干枯死亡。感病新梢叶片呈簇生状，初为暗红色，以后变黄绿色，叶片局部或全部逐渐变肥厚发脆，病叶两面密生红褐色稍突起小点粒。6～7 月病叶变赤黄色，向下卷曲，遇雨或潮湿，从分生孢子器中涌出大量橘红色黏液，干后附在叶片上。病叶到后期变黑褐色干缩在枝条上不易脱落。花和果实受害时，花萼肥厚，不易开放，花萼花瓣不易脱落。病枝上的果实生长停滞，干缩脱落。

防治措施：

① 及时剪除罹病新梢和叶丛，集中深埋或烧毁，生长季节发病时，清除病枝和病叶等，连续几年即能基本上消灭此病。

② 发芽前全株喷布 3～5 波美度石硫合剂杀灭病菌，同时消灭蚜虫。花前和花后 10 天各喷布一次 70%甲基硫菌灵可湿性粉剂 800～1 000 倍液。

(7) 炭疽病 主要危害果实，也危害叶和新梢。幼果染病后呈暗褐色，萎缩硬化，停止发育。稍大的果实被害时，果实表面发生绿褐色水渍状病斑，以后变为浓褐色，逐渐扩大成黑褐色凹陷。在潮湿的条件下病部产生粉红色黏质粒点，呈同心轮纹状，此即分生孢子。果实近成熟时期染病，初为淡褐色小粒点，排成同心轮纹状，最后果实腐烂脱落或干缩成僵果留在枝上。叶片被害时，叶缘两侧向正面纵卷，尤其嫩叶甚至卷成圆筒状。枝梢被害初为暗绿色水渍状椭圆形病斑，后变为褐色，边缘紫褐色，稍凹陷，表面生粉红色小粒点，病部生长缓慢，故常向一侧弯曲，发病严重时新梢枯死。

防治措施：清理果园，摘除病果，剪除病枝，集中烧毁。发芽前喷 5 波美度石硫合剂，果实长到豆粒大时喷布 65%福美锌可湿性粉剂 400 倍液，每 10～15 d 一次，共喷 3 次即可。加强果园管理，适当施肥，注意雨季排水，控制新梢徒长。

(8) 根癌病 又名冠瘿病，是一种危险性、毁灭性的病害。

症状：主要发生在杏树的主根和侧根、根颈和茎部，受害处产生大小不等、形状不同的肿瘤，小的如豆粒，大的如核桃、拳头，或若干个瘤簇生形成一个大瘤。初生癌瘤光洁柔滑，多呈乳白色，也有微红色，以后渐变褐色至深褐色，变硬木质化，表面粗糙，龟裂，凹凸不平，内部组织质地坚硬，后期癌瘤深黄褐色，易脱落，有腥臭味，老熟癌瘤脱落处又可产生新的癌瘤，水分、养分吸收输导受阻，地上部生长发育缓慢，树势衰弱，叶薄，色黄，细瘦，严重时整株萎蔫干枯死亡。

发病规律：杏树根癌病属细菌性病害，病菌在根瘤和土壤中越冬，可存活一年以上，病菌侵染开始于种子萌发阶段，也可侵染受伤的根系，通常在根的皮孔处形成小瘤。雨水、地下害虫、线虫等是传播的主要载体，苗木带菌是远距离传播的主要途径，细菌主要从嫁接口、虫伤、机械伤及气孔侵入根部，入侵后刺激周围细胞，加速分裂，形成癌瘤。病菌从侵入到癌瘤形成，病程差异很大，少的几周，多的一年以上。该病菌寄主范围十分广泛，还可侵染桃、梨、苹果、葡萄、核桃、枣等多种植物。

防治措施：推广应用脱毒苗建园，引种苗木要进行产地检疫，避免带菌造成直接传播；苗木要及时做杀菌消毒处理，栽植前一般用生物制剂 K84 湿剂处理；刮下的病斑、病枝、树皮等及时烧毁；增施有机肥，改善土壤结构，加强肥水管理，增强树势，提高耐病能力；清除严重的病株并全部烧毁。

(9) 果实斑点病 果实受害后外表皮产生褐色或紫黑色不规则的木栓化斑点，病斑边缘红褐色。随着病情的加重，斑点逐渐扩大，病斑下果肉产生木栓层，不能食用。叶片受害后，初期表现为紫红色圆形或椭圆形斑点，严重时斑点连成片，病斑脱落成孔洞或网状，最后干枯落叶。

温度高、湿度大和管理粗放是发病的重要条件。不同品种，杏果斑点病的危害程度也不同，水杏、大扁杏、水蜜杏、麦黄杏、红荷苞及梅杏发病重，早香白和红玉杏发病较轻，四月红、关爷脸及五月香则最轻。

防治措施：

① 冬季清扫园地，消灭病原。加强管理，增强树势，提高抗病能力。

② 做好检疫，控制病菌传播。采用接穗时要选抗病力强、枝条粗壮、无病虫害的植株作母树，严禁从病树上采接穗。

③ 树体通风透光。杏树郁闭，湿度较大，杏果斑点病极易发生，因此疏除密旺发育枝和徒长枝，以利于通风透光。

④ 药剂防治。在果实发病初期喷布 50%代森锰锌可湿性粉剂 500 倍液或 70%甲基硫菌灵可湿性粉剂 500 倍液，隔 10～15 d 后再喷一次同样浓度的药液，对防治此病效果良好。调查中看到，松柏乡剂家南山村同一块杏园喷布 50%代森锰锌可湿性粉剂 500 倍液的麦黄杏，病果率在 5.4%，未喷药的对照树病果率在 15.3%左右。

2. 主要虫害及防治技术

（1）桃蚜　桃蚜属同翅目蚜科。

繁殖速度极快，一年可发生 10 余代，以卵在树枝的腋芽、枝干皮缝和小枝杈等处越冬。翌春天气转暖后越冬卵即开始孵化，若虫先群集在芽上危害，展叶后成虫及小若虫转到叶片背面危害。成虫不断进行孤雌生殖，胎生小蚜虫繁殖速度很快。露地栽培时，5 月上旬繁殖速度最快，危害最重，并产生有翅胎生雌蚜迁飞到烟草、小白菜等作物上危害，到 10 月复生有翅胎生雌蚜，又飞回桃、杏等果树上产卵越冬。

防治蚜虫的关键时期是萌芽开花前虫卵大量孵化为若虫时，此时若虫活动力差，抗药性弱，容易被杀灭。全年应做好下列关键期用药：

① 萌芽前喷 3～5 波美度石硫合剂，可杀死虫卵，降低虫口基数，同时可防治多种病害。

② 花芽膨大期全树喷布 70%吡虫啉可湿性粉剂 4 000～5 000 倍液或 5%蚜虱净乳油 3 000 倍液或 22%氟啶虫胺腈悬浮剂 3 000 倍液或用 10%氟啶虫酰胺水分散粒剂 2 000 倍液进行喷雾防治。

③ 发芽后全树喷布 70%吡虫啉可湿性粉剂 4 000～5 000 倍液并加兑 2.5%高效氯氰菊酯微乳剂 2 000～3 000 倍液，可兼治杏仁蜂，或喷 22%氟啶虫胺腈悬浮剂 3 000 倍液防治。

④坐果后蚜虫发生期可用 22%氟啶虫胺腈悬浮剂 3 000 倍液或 20%啶虫脒可湿性粉剂 2 000 倍液喷雾防治。

（2）球坚介壳虫　一般每年发生一代，以 2 龄若虫在小枝条等处越冬。翌3月中下旬天气转暖后越冬若虫开始活动，先群集在枝条上危害，活动缓慢。4月上旬开始分散危害，此时虫体开始膨大，体背分泌蜡质。4月中旬雌雄性分化，雌虫体迅速膨大，雄虫体外覆一层白色蜡层，在蜡壳内化蛹，羽化盛期在4月下旬，末期在5月中旬。雌雄交尾后，雄虫很快死去，雌虫开始分泌黏液，5月上旬雌虫体逐渐变硬，形成介壳。5月上中旬雌虫开始产卵。卵在5月中下旬开始孵化为若虫，孵化盛期在5月底6月初。孵出的若虫分散到枝条、叶片及果实上危害，到9月若虫体分泌一层白色蜡壳，开始越冬。

防治措施：早春发芽前喷布机油乳剂50～80倍液并加兑48%毒死蜱乳油1 500倍液，或5波美度石硫合剂。5月底幼虫孵化盛期喷布上述药剂或0.3～0.5波美度石硫合剂。

(3) 杏仁蜂 属膜翅目广肩小蜂科。

以幼虫危害杏仁，引起大量落果，造成减产为其主要危害特征。幼虫蛀食杏仁后，果实逐渐萎缩发黄，出现落果现象，同时受害部位新梢萎蔫，逐渐干枯。

一年发生一代，以幼虫在被害果实或枯干枝条上的僵果核内越冬，春天老熟幼虫化蛹，杏树落花后开始羽化，成虫在核内停留几天后，破核而出。当杏果实达豌豆粒大小时，成虫出土，太阳升起后飞翔交尾。卵产于仁与核皮之间。每果产卵一粒，每雌产卵20～30粒，产卵孔不明显，有时流胶。卵期约10 d，孵化后在核内食害杏仁，造成严重落果。幼虫蜕皮4次，于6月上旬老熟，在核内越夏越冬。

防治措施：

① 彻底清除杏园内的落杏、杏核，摘除僵果集中烧毁或深埋，消灭越冬幼虫是防治杏仁蜂的有效措施。

② 在4月中旬杏树喷布2.5%溴氰菊酯乳油2 000倍液或5% S-氰戊菊酯乳油3 000倍液。5月上旬成虫羽化期地面撒施3%辛硫磷颗粒剂每株0.2～0.5 kg，浅锄与土混合，或树上喷布50%敌敌畏乳油500倍液杀灭成虫，也可于产卵前喷布90%晶体敌百虫

1 500倍液。

(4) 桑白蚧 一年发生2代，以第二代受精雌虫在枝条上越冬。越冬雌虫5月开始产卵于壳下，雌虫产完卵就干缩死亡，每一雌成虫可产卵40～400粒。第一代若虫在5月下旬至6月上旬孵化，孵化期较集中（约1周），孵化率可达90%以上。若虫群集中固定在母体附近的枝条上，吸取汁液，分泌灰白色蜡质物形成介壳。7月中下旬至8月上旬变为成虫，又开始产卵。8月中下旬第二代若虫孵化，开始分散危害，9～10月出现第二代成虫，雄成虫经拟蛹期羽化，羽化期较集中，交尾后雄成虫即死，受精雌成虫在枝条上越冬。受害枝条以二至三年生枝为主，危害严重时，树势衰弱，枝条萎缩干枯死亡。

防治措施：

① 人工刷除或剪掉发生重的枝条并烧毁。

② 春季发芽前，喷5波美度石硫合剂，也可喷3%柴油乳剂加0.1%二硝基酚，或5%柴油乳剂加50%马拉硫磷乳油400倍液。

③ 第一代和第二代若虫孵化盛期，隔5～6 d连续喷2次0.3波美度石硫合剂，或22%氟啶虫胺腈悬浮剂消灭初孵若虫效果很好。若虫2龄以后分泌蜡质，增加了抗药能力，喷药效果降低。雄虫羽化期喷2.5%溴氰菊酯乳油3 000倍液，消灭雄成虫。

(5) 红颈天牛 2～3年完成一代，以幼虫在蛀食的虫道内越冬。6～7月出现成虫，雨后最多，晴天中午成虫多停息在树枝上不动。成虫寿命一般10 d左右，交尾后，多在树体的主干或主枝的枝杈、缝隙处产卵，卵经10 d左右孵化为幼虫。幼虫先在皮下食害，长到30 mm后钻入木质部，深达枝干的中心，把树的枝干蛀成孔道，向外咬一个排粪孔，排粪孔常往外流胶。

在6～7月成虫发生期每天下午人工捕捉成虫。成虫出现前在主枝或主干上涂白涂剂（生石灰10份，硫黄1份，水40份，混匀），防止产卵。8～9月用刀挖幼虫，或早春用磷化铝堵虫洞。

（十）果实采收与包装

1. 采收时期

杏的成熟度有硬熟期、完熟期和烂熟期3个时期，硬熟期标志是果实已充分发育，可溶性固形物达该品种应有的水平，绿色开始消退，基本着色完全，果肉稍硬，果皮不易剥离，此时达七八成熟，便于运输和销售，也称市场熟度。硬熟期后3～5 d果实即进入完熟期，完熟期的标志是果实充分着色，果皮易剥离，果实内容物达到最高，酸含量下降，含糖量升高，此时采收食用品质最佳，但不耐贮运，尤其是软肉溶质品种。烂熟期，果实在树上即开始变软，果实柔软多汁，果皮易剥离，有的品种果实开始落地，此时品质已退化。

杏在近成熟时果实大小、颜色、光泽、风味等变化迅速，杏不耐贮运，也不能通过后熟作用增进果实内在品质，因此确定适宜的采收时期对于果实产量、品质以及包装、运输、销售十分关键。杏的采收期应根据成熟度、果实贮运性能、市场销售情况等灵活掌握。采收过早，果个小，酸度大，香味淡，品质差；采收过晚，果肉软化，不耐贮运。杏的采收期应根据用途、运输距离等定，一般用于鲜食远运或用作加工罐头、杏脯的果实，应在果实达到本品种固有的大小、色泽和风味、果肉仍保持一定硬度时采收，即八成熟时采收。供应当地或邻近地区市场时应在完全成熟时采收，此时果实外观、大小、风味品质、香气均达到最佳。用来加工杏干、杏酱、果汁、蜜饯的果实，应在充分成熟果肉未软化时采收。采收时应先上后下、先外后内，轻拿轻放。装果的容器应衬以软物料，以防碰伤。杏不耐贮运，常温下仅存放5～7 d，因此包装时用小包装，一般5 kg左右。贮藏时应低温贮藏，在温度0 ℃左右、空气相对湿度90%左右的条件下，可贮藏25 d以上，仍保持较好风味品质。

2. 采收方法

杏为肉质果，含水量高，稍有损伤极易腐烂，采收时应全掌握杏，均匀用力，稍微扭转，顺果枝侧上方摘下。对果柄短、梗洼深、果肩高的品种，摘取时不能扭转，应顺枝向下拔取。采收顺序应先上后下、先外后内，避免漏采或损伤枝芽。装果的容器应衬以软物料，防止碰伤。采下的果实应放于阴凉处，严防日光暴晒。为减少果实损耗可边采收，边分级、包装。

杏不耐贮运，多在硬熟期采收；杏多数品种树冠不同部位果实成熟期不一致（如凯特杏成熟期不一致，树冠外围、上部的果实先熟）。因此，采收时通常需分批采收，一般 3～4 次采完，多者达 5～6 次采完。分批采收时先采果个大的，留下小果可继续生长，不但提高果实的商品品质，还可增加产量。

3. 分级、包装

分级、包装可提高果实商品价值。为减少操作，采取边采收边分级包装的方法。分级时捡出病残果、畸形果，然后按大小、色泽和成熟度分成不同等级。包装多采用小包装，采用精制的、不同定量标准的纸箱包装，每个果用包装纸包好或用泡沫网套套好，放入箱内码紧，码一层，用瓦楞纸作垫板分层做好格，将杏果放入。包装好后，应迅速运往销售地点。杏果不耐贮藏，贮藏条件适宜时贮藏期最长约 4 周。影响贮藏寿命最重要的因素是温度，贮藏期间温度保持在 0～2 ℃，杏果在－1 ℃时即遭冷害。除温度外，湿度也影响贮藏寿命，空气相对湿度一般保持 90%左右。

鲍明生，吴宝利，1994. 杏树整形修剪技术［J］. 落叶果树（4）：47.
陈学森，李宪利，高东升，等，2000. 新世纪和红丰杏设施栽培技术初报［J］. 中国果树（3）：22－23.
丁文浩，2003. 李子树新品种引种及栽培技术［J］. 农村科技（8）：27－27.
冯殿齐，王玉山，杨德平，等，1998. 大棚杏树授粉试验研究［J］. 落叶果树（4）：27－28.
冯义彬，冯苑茜，2015. 李杏整形修剪技术图解［M］. 北京：金盾出版社.
高华君，2013. 杏李高效栽培专家答疑［M］. 济南：山东科学技术出版社.
顾景梅，史修柱，李军祥，1999. 限制杏树丰产的因素及对策［J］. 落叶果树（1）：51－52.
河北农业大学，2002. 果树栽培学各论［M］. 北京：中国农业出版社.
李宝芹，2009. 李子树主要病虫害防治技术［J］. 现代农业科技（8）：93－93.
李得庆，2011. 李子树优质壮苗的培育［J］. 林业机械与木工设备，39（1）：39－40.
刘振岩，李震三，王凤才，等，2000. 山东果树［M］. 上海：上海科学技术出版社.
吕增仁，1996. 我国杏研究进展［J］. 河北果树（1）：1－4.
普崇连，1993. 杏树高产栽培［M］. 北京：金盾出版社.
宋华，付建国，2008. 现代果树栽培技术［J］. 河南农业（11）.
宋卫星，2009. 李子树不同时期的修剪方法［J］. 农村科技（7）：83－83.
孙山，王少敏，高华君，等，2003. 早熟杏新品种'金太阳'［J］. 园艺学报，30（5）：633.
王金政，樊圣华，邹显昌，等，1998. 杏幼树保护地栽培优质丰产技术总结［J］. 落叶果树（3）：29－30.
王艳，张振海，张波，等，2011. 北方李子树栽培管理技术［J］. 中国园艺文摘，27（8）：160－161.

王玉山，冯殿齐，杨德平，等，1997. 杏大棚温度管理标准制定及调控［J］. 河北果树（4）：11 - 12.

魏景利，张艳敏，林群，等，2010. 我国杏种质资源研究及利用［J］. 落叶果树，42（2）：6 - 10.

夏国宁，刘宁，2016. 李杏高效栽培［M］. 北京：机械工业出版社.

薛晓敏，王金政，安国宁，等，2010. 早熟杏新品种‘魁金’［J］. 园艺学报，37（5）：845 - 846.

杨金莲，杨金兰，温源，2014. 优良李杏品种繁育及栽培技术［J］. 现代园艺（2）：29 - 30.

张海州，翟运吾，辛国奇，等，1998. 幼龄杏树“一促二控三缓”早实丰产综合技术［J］. 落叶果树（1）：50 - 51.

邹显昌，王金政，张毅，1997. 杏栽培技术［M］. 济南：山东科学技术出版社.

图书在版编目（CIP）数据

李、杏新品种及配套技术 / 王少敏，牛庆霖主编
．—北京：中国农业出版社，2020.6
（果树新品种及配套技术丛书）
ISBN 978－7－109－26905－7

Ⅰ.①李… Ⅱ.①王… ②牛… Ⅲ.①李—果树园艺
②杏—果树园艺 Ⅳ.①S662

中国版本图书馆 CIP 数据核字（2020）第 092004 号

中国农业出版社出版
地址：北京市朝阳区麦子店街 18 号楼
邮编：100125
责任编辑：舒 薇 李 蕊 王琦瑢　　文字编辑：丁晓六
版式设计：王 晨　　责任校对：赵 硕
印刷：中农印务有限公司
版次：2020 年 6 月第 1 版
印次：2020 年 6 月北京第 1 次印刷
发行：新华书店北京发行所
开本：880mm×1230mm 1/32
印张：5.75　插页：2
字数：155 千字
定价：35.00 元
